講談社選書メチエ

KODANSHA SENSHO MÉTIER

386

日本軍のインテリジェンス

なぜ情報が活かされないのか

小谷 賢

日本軍のインテリジェンス——なぜ情報が活かされないのか

●目次

はじめに

立ち遅れている日本のインテリジェンス研究

近年、日本におけるインテリジェンス（情報活動）への関心が高まってきているようである。少し前までは、「インテリジェンス」という言葉自体なじみの薄いものであったが、最近では書籍のタイトルにも使用されるようになり、マスコミなどでも日本のインテリジェンスについて論じられている文章を目にするようになった。

最近ではここ数年に限定しても、外務省の「対外情報機能強化に関する懇談会」、自民党の「国家の情報機能強化に関する提言」、ＰＨＰ総合研究所の「日本のインテリジェンス体制——変革へのロードマップ」と題した提言書などが次々と公表され、インテリジェンスに関する著作も多く出版されるようになってきた。またアカデミズムにおいても、インテリジェンスに関する議論が見られるようになってきている[1]。

他方、これからの日本のインテリジェンスを考えていく上で、戦前の日本がどのような情報活動を行っていたのかについて言及されることはあまりない。なぜならこれに関してはまとまった学術的研究が行われてこなかったからである。この原因としてはよく言われるように、終戦時に情報関連資料のほとんどが破棄されてしまったことが挙げられるが、それよりも根本的な問題は、戦後の風潮がそのような研究を許容してこなかったことにある。従って戦前日本のインテリジェンスについては、実際の活動に従事していた旧軍人などが、自分の見聞きした範囲で回想録や記録を残すことしかできず、我々の一般的な知識としてもせいぜい特務機関や中野学校どまりであろう[2]。

このような日本における研究の遅れが、戦前日本のインテリジェンスへの誤解を招き、現在でも特務機関や憲兵、特高など本来区別されるべきものが、一括りにして議論されることも多い。しかしより重要な問題は、戦前に日本が行っていた通信傍受活動に関する研究が諸外国と比べ決定的に遅れていることと、戦前日本のインテリジェンスに関する包括的な考察が行われてこなかったことにあると考えられる。

情報史（インテリジェンス・ヒストリー）の観点から見れば、通信情報というものは二〇世紀前半の国際関係に多大な影響を与えた要因の一つである。アメリカの第一次世界大戦参戦を決定付けたツィンメルマン事件や、第二次大戦の帰趨を大きく変えたウルトラ情報などはその最たるものである[3]。日本に関しては、ワシントン海軍軍縮会議で日本側全権の暗号通信が米英に解読されていたことや、アメリカとの対立を決定的にした南部仏印進駐の情報が事前に米英に漏洩していたこと、そして日米交渉の折に日本側の外交電報が米側に筒抜けとなっていたことなど、通信情報の漏洩によって日本の対外政策が著しく制限されてきた史実がありながら、この分野に対する詳細な研究が疎かにされてきたことは、またこの類の失敗を繰り返す遠因ともなりかねない。

戦前日本のインテリジェンスを知らなければ、我々は歴史に立ち返ってそこから教訓を学ぶことができない。例えば、これからの日本のインテリジェンスをどのようなものにしていくのかという話になると、大抵は「アメリカ型かイギリス型か」という紋切型の議論となりがちである。しかしまずわれわれは、わが国のインテリジェンスがどのようなものであったのかを知り、そこから教訓を得ていく必要があるのではないだろうか。

そもそも現状においてまったく史料が残っていないというわけではないし、欧米の研究者などは戦前日本のインテリジェンス活動に興味を持って、数々の論文や書籍を出版している[4]。さらに最近の海外における情報関連史料の開示、そして冒頭に述べたような世間一般の風潮もあって、このテーマを研究の対象にすることが可能となってきている。

本書は、戦前日本のインテリジェンスに関してその具体像を描き、日本のインテリジェンスの特色について考察していくものである。ただし事実を時系列で羅列していくのではなく、インテリジェンスの一般的な理論に倣い、戦前日本のインテリジェンスを、①情報収集、②情報分析、③情報利用、の三点から検討していくことにする。このような視角によって、当時の日本の長短所やその特徴が見えてくることになるであろう。

インテリジェンスの本質

本書を読んでいただくためには若干の知識が必要であるため、それについてここで少し述べていく。

まず「インテリジェンス」という言葉であるが、これは「情報」や「諜報」の意味から、「情報活動」、「情報機関」など幅広い意味合いを内包している。ただし本書の中では「インテリジェンス」という言葉を、「情報」、「情報活動」程度の意味合いで使用していく。

「情報」という言葉自体にも若干の注意が必要である。そもそも英語では「情報」を示す語として、「インフォメーション」と「インテリジェンス」がある。前者はただ集めてきただけの生情報やデータ、後者が分析、加工された情報になる。例えば天気予報において、湿度や気圧配置といったものはデータ、つまり「インフォメーション」であり、そこから導き出される明日の天気予報が分析済みの情報、すなわち「インテリジェンス」である。本書では読みやすさを考慮して、「インテリジェンス」の意味で「情報」という言葉を使用していく。

「インフォメーション」に関してはなかなか適当な日本語が見当たらない。かつて内閣情報調査室室長を務めた大森義夫（おおもりよしお）は、中国語の「信息」という語を提案しているが[5]、現状ではあまり馴染みのない言葉であるので、とりあえず「生情報」、「データ」などの言葉を当てていく。

イギリスの情報史家、クリストファー・アンドリューによると、このようにインフォメーションとインテリジェンスを厳密に区別するのは、英語に特有のことであるという。仏語、独語、そして日本語には「情報」を示す語は一つだけであり、そこにアングロ・サクソン特有の情報に対する鋭敏なセンスが表れている[6]。

他方、インテリジェンスの本質は、無数のデータから有益な情報を抽出、加工することによって、政策決定サイドに「政策を企画・立案及び遂行するための知識」を提供することにある[7]。もちろんこのようなインテリジェンス活動はそれだけで完結するものではなく、インテリジェンス・コミュニティー（情報サイド）は政策サイドと常に密接に関わりあっていなくてはならない。この概念が「インテリジェンス・サイクル」と呼ばれるものである。

情報サイドの役割は、政策サイドが何らかの目的で政策を遂行するために「知識」を与えるものであるため、まず政策サイドから情報サイドに情報の要求を行わなくてはならない。これが「リクワイアメント」や「情報ニーズ」と呼ばれるものである。このリクワイアメントは、国益に基づいた国家

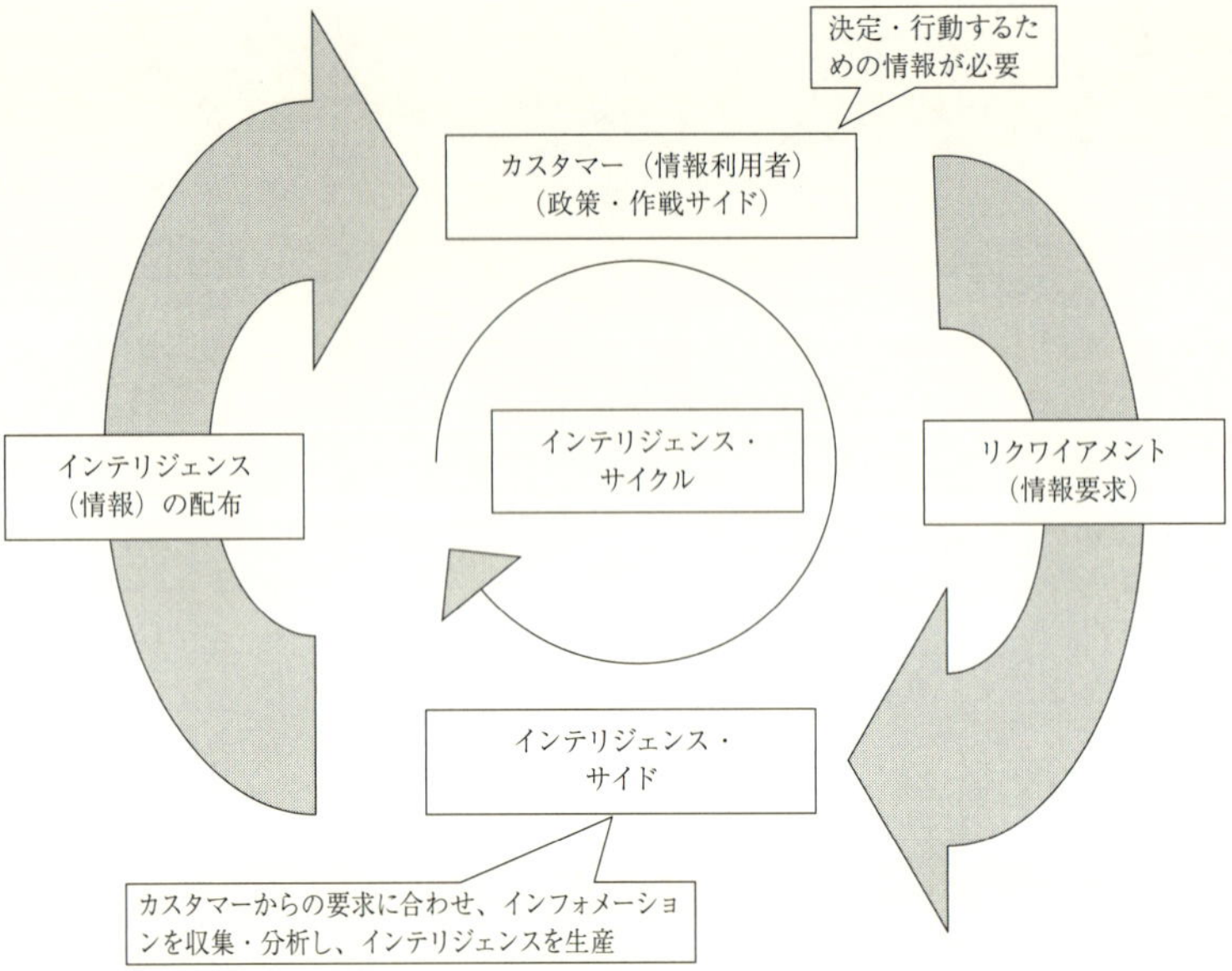

インテリジェンス・サイクル

の政策や目的を遂行するために自然と必要になってくる情報のことであるが、対外危機などが顕在化していると、このリクワイアメントはより明確になってくる。そして情報サイドはこのリクワイアメントを受けて、情報の収集、分析を行い、政策サイドに分析済みの情報を提供する。この一連の流れが「インテリジェンス・サイクル」と呼ばれる。

これを身近な例に例えてみよう。大多数の人は日頃から北海道についての情報を収集しているわけではない。しかしもし北海道へ旅行するという目的ができれば、北海道に関するさまざまな情報や知識が必要になってくるであろう。これが情報へのリクワイアメントである。次の段階として、書籍やインターネットで北海道の気候や交通アクセス、観光名所などといったデータを調べ、自分の旅行日程に合わせた情報を収集、検討することになる。これが個人レベルのインテリジェンス活動である。そして気候に合った服装を用意し、交通のスケジュールに合わせて旅行計画を実行する。これは国家レベルで言えば情報の利用、すなわち政策の遂行ということになる。

このようにインテリジェンス・サイクルは身近な例でも成り立っているが、これが国家レベルになると、とうてい一つの部局で世界中の情報を集め、分析、利用することはできない。そこで専門的に情報を収集・分析する情報機関というものが必要になってくるのである。

最後に細かい用語の話になるが、情報収集の方法によって入手する情報の呼び方が異なっている。例えば、情報関係者が聞き込みや情報提供者を利用して集める情報は、人的情報（ヒューミント）、相手の通信を傍受して収集される情報は通信情報（シギント）、航空機や偵察衛星などによって集められる情報が画像情報（イミント）となる。その他にも、新聞やインターネットなど公開されている情報を公開情報（オシント）、通信傍受以外の電波信号から得られる情報をテレメトリー情報（テリント）、電子情報（エリント）等、現在、自衛隊や米軍などではかなり厳密に分類するようになっているが、本書が扱うのは主に、ヒューミント、シギント、オシントまでである。

明治以降の日本のインテリジェンス

一八六八年（明治元年）に海陸軍科が設置されて以降、軍部がインテリジェンス整備にも関心を持っていたのは当然のことである。一八七八年、陸軍参謀本部が中、南支方面派遣将校を長期の駐在制に改めたことにより、本格的な対外情報収集活動が始まった。しかし当時はまだ情報収集の基盤もなかったため、当時民間人であった岸田吟香（きしだぎんこう）らの協力を得て、軍は民間の商取引のルートに沿って、情

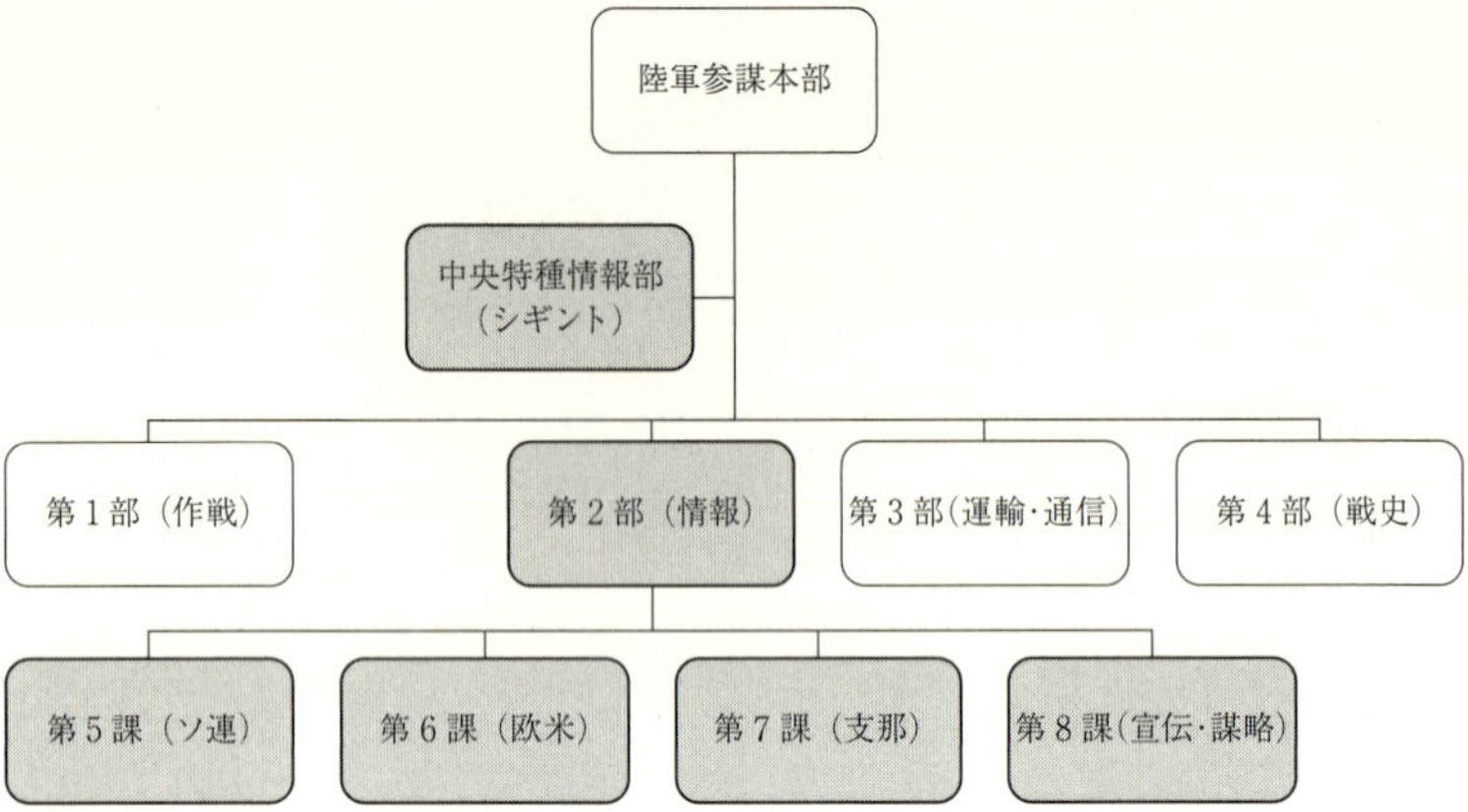

陸軍のインテリジェンス組織（1941年ごろ）

報担当将校を配置していった[8]。そして一八九〇年には荒尾精陸軍大尉が上海に日清貿易研究所を創設したことで、大陸での本格的な情報収集活動が始まる。

日本の近代的インテリジェンスの発展は遅々としたものであったが、それでも日清戦争では石川伍一や鐘崎三郎、日露戦争では石光真清や明石元二郎など有名なインテリジェンス・オフィサーが活躍した。中でも明石元二郎の活躍は有名であり、その活躍は一二個師団に相当すると評された。明石の活躍をまとめた『落花流水』は後の陸軍中野学校のテキストとして使われたほどである。

この時期の日本のインテリジェンスは比較的上手く機能していた。その要因は、①対外危機が顕在化しており情報収集に余念がなかったこと、②情報の重要性を認識していた元勲世代の存在、③当時の超大国であったイギリスからの情報提供、などが挙げられる[9]。

陸軍参謀本部が本格的な軍事情報部である第二部を設置し、組織的に情報収集活動を開始したのは日露戦争の後、一九〇八年のことである。ただし組織的情報収集といってもまだ外国駐在武官が単独で情報を収集すること

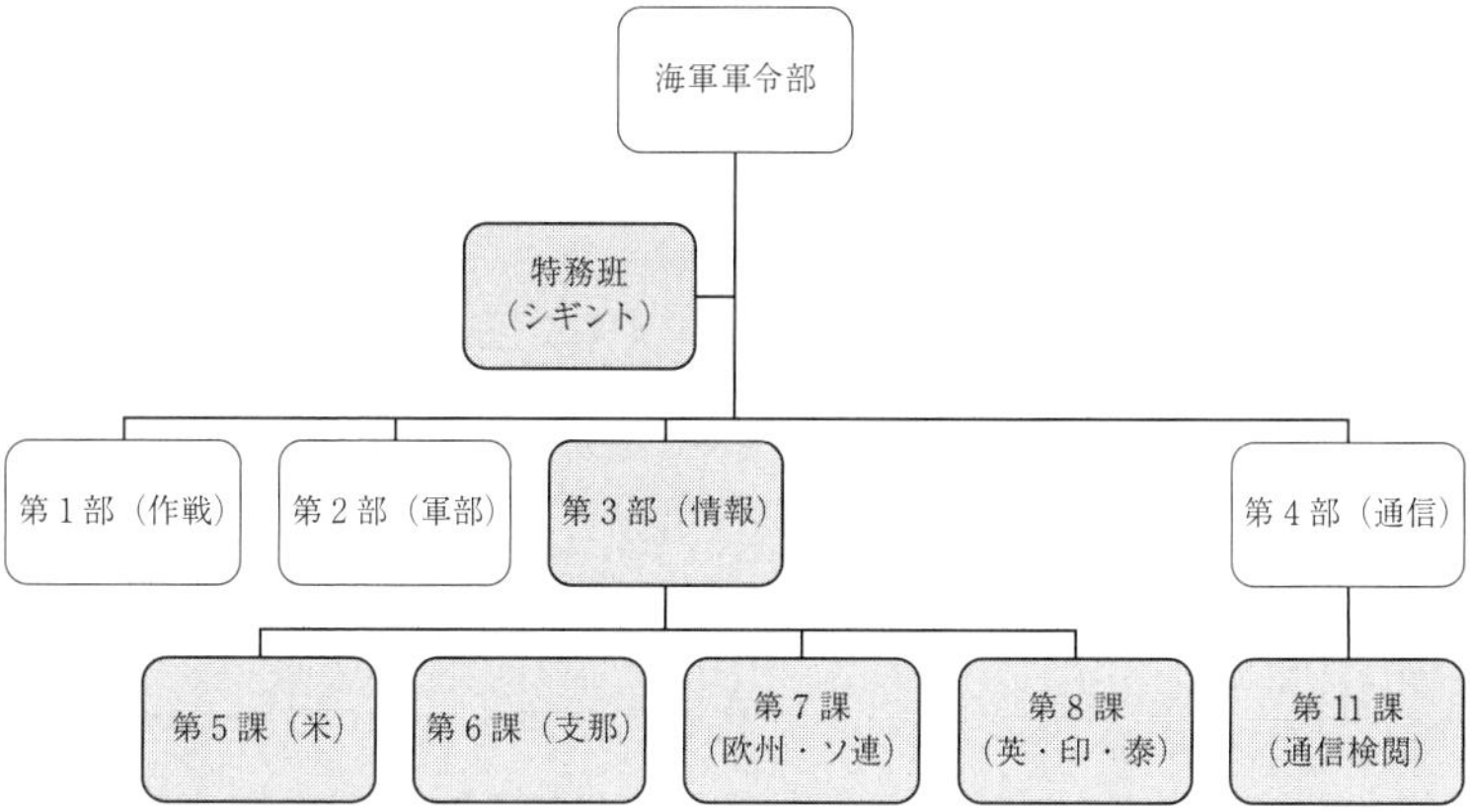

海軍のインテリジェンス組織（1941年ごろ）

が多かった。ちなみに同じころ、イギリスでは秘密情報部（ＳＩＳまたはＭＩ６）と防諜部（ＭＩ５）が誕生している。

ここで当時の日本のインテリジェンスにとって不幸だったのは、軍事情報部が設置されて以降、実戦を経験しなかったためにインテリジェンスの運用方法を具体的に把握できなかったことである。特に日本が第一次大戦を本格的には経験しなかったことは大きい。よく言われるように、この時、日本軍は第一次大戦の総力戦という側面と火力の飛躍的な発達に注目していたが、戦争におけるインテリジェンスの役割については検討すらされることもなかったのである。

イギリスの情報研究家、マイケル・ハーマンによれば、第一次大戦がヨーロッパ諸国のインテリジェンスに与えた影響は小さくなかった。総力戦を戦うためにはそれまでの狭義な「軍事情報」だけでは不十分であり、各国は相手国の工業力、人口統計、士気などすべての要素を調べ上げなければならず、それらは軍事情報部の領域をはるかに越えていたからである[10]。

さらに第一次大戦では通信傍受情報が決定的に重要な要素となった。すなわち技術情報（テキント）の発展である。第一次大戦後、ヨーロッパ諸国はシギントと総合的な情報分析能力を向上させるために組織に改良を加え、中央情報部を設置するなど大幅なインテリジェンス組織改革を行った。さらに第一次大戦後にはコミンテルンとの戦いが熾烈になったため、同時に防諜機能も強化されていく。

このようなヨーロッパの動きに比べると、日本は明治期からほとんど何も変わらないままの組織運用であった。その特徴は、中央情報部が現地の情報収集活動を統括しきれておらず、現地は時々の状況によって場当たり的な情報収集活動を行っていたことにある。シギントの必要性に関しては、一九一八〜二二年のシベリア出兵の時期まで待たねばならなかった。

昭和に入ると日本のインテリジェンス機構は停滞してしまい、一九三〇年代後半まではほとんど大規模な組織改編は行われなくなる。基本的な陣容は、陸軍参謀本部第二部、海軍軍令部第三部がそれぞれ中央軍事情報部としての機能を有した。そして陸軍は外国の通信を傍受する通信情報部、中国大陸から満州にかけて派遣された特務機関、海外の在外武官などを海外での情報収集組織として利用し、国内においては憲兵隊に防諜機能を持たせたのであった。他方、海軍も通信情報部や特務部、在外武官から対外情報を収集するような仕組みになっていた。

第一章
日本軍による情報収集活動

1　情報源による類型

さまざまな性質の情報源

日本陸海軍の情報活動に関する史料は、太平洋戦争終結時にそのほとんどが焼却処分されてしまったので、軍がどこからどのようにして情報を集めていたのかは不明な点が多い。ただし北支方面軍が使用していたテキスト、「情報勤務の参考」によれば、まず情報勤務は一般情報勤務と戦場情報勤務に分類される。一般情報勤務には、①一般在外機関、外地軍隊等の行う情報勤務（公刊情報、視察、要人との面談、情報買収、諜者（ちょうしゃ）、書類等の盗撮）、②無線傍受、通信窃盗、などがあり、戦場情報勤務には、①一般軍隊による捜索、②偵察機関による捜索、③特種機関（通信傍受班）による情報収集、④捕虜、⑤鹵獲（ろかく）書類、⑥戦場における諜者の使用、とある[1]。

さらに支那派遣軍総司令部は、毎月ごとの「内外情勢の概要表」と呼ばれる情報の一覧表を作成しており、世界各地域（日本、太平洋戦争の経過、米、英、中、独ソ戦の経過、ソ連、独、伊、中近東、南米、南方）の各月の情報を統合していた。そしてその情報源として、「新聞情報」、「A情報（通信情報）」、「秘電報」、「上海機関」、「三和機関」、「渉外部」などが挙げられている[2]。

海軍の情報収集活動に関しては、昭和二〇年に海軍軍令部が作成した「状況判断資料」から手がかりを得る事ができる[3]。この史料は、昭和一九年一〇月から昭和二〇年七月まで、軍令部第一部（作戦）にどのようなインフォメーションが報告されていたのかをまとめたものである。報告には情報源が明記されているため、海軍の情報収集活動の一端をうかがうことができる。情報源を左図に簡単にまとめてみた。以下、この表に沿って分析を進めていく。

網掛けの部分は非公開情報ということになるが、それだけで全体の三分の一以上を占めている。現在の情報収集活動に対する非公開情報の割合は一割以下だと言われているのでこの比率はかなり高く、特種（殊）情報がかなり重視されていたことがよくわかる。

特種情報とは、日本が連合国側の通信を傍受、解読したもので、一般に通信情報（シギント）と呼ばれるものである。戦前、日本は米英中の外交暗号を解読して相手の外交的意図を知ることができ、また戦争中は敵軍の通信情報から相手の作戦などをある程度察知することができた。

このような通信情報の性格から、陸海軍とも通信情報にかなりの関心を抱いていたことは確かである。ただし通信情報がそのまま外交政策や作戦に使えるというわけではなく、他の情報と比較、検討してインテリジェンスの域に高めないと宝の持ち腐れとなることが多かった。すなわち通信情報は貴重な食材ではあるが、それを料理してみないとその魅力を引き出せないということである。

海軍で長く対米情報活動に携わっていた実松譲（さねまつゆずる）元大佐は、「特務班の通信諜報は、作戦部などでは非常に重宝がられた。いや、われわれからみると、むしろ過大評価され

情報源	昭和19年10月1日から昭和20年7月10日までに収集された情報データ数（筆者作成）
特種情報	393
武官報告	102
捕虜尋問	27
鹵獲書類	2
諜者	7
陸軍情報	11
外務省情報	2
公開情報（ラジオ等）	110
公開情報（出版物等）	769
その他	23
情報源不明	38
計	1484

日本軍による情報収集活動

小野寺信

たうらみがないではなかった。（中略）通信諜報はナマものであるだけに、用心しないと〝下痢〟をしやすいものである。情報に〝素人〟のものにはその判別がなかなか難しい」[4]と述懐しており、通信情報に対する取扱いのむずかしさがうかがわれる。

武官報告は同盟国、中立国に駐在する武官からの報告であるが、戦前ならばここからの情報がさらに多かった事は推測できる。海軍の場合は、ワシントンに実松譲大佐、ロサンゼルスには立花止中佐、シアトルに岡田貞外茂少佐を配置して米海軍に関する情報収集活動を行っていた。陸軍ならば中国大陸では「支那通」と呼ばれた陸軍の軍人たちが情報を集めており、ヨーロッパにおいても、スウェーデンに派遣されていた小野寺信大佐、フィンランドに派遣された広瀬栄一少佐らの情報は確度が高かったと評価されている[5]。戦争中ならば、中立国であったアルゼンチンや、スペイン、スイス、またドイツに駐在する武官報告が重宝がられた。

逆に、捕虜や鹵獲書類といった情報源は戦争中に特有のものであろう。軍令部第三部五課（米情報）において実松とともに働いた今井信彦中佐は、神奈川県大船の捕虜収容所で実際に捕虜に対する尋問を行っている。今井の記録によると、尋問の方法は誘導尋問が主であり、捕虜の個人的な身の回りのことから話し始め、それとなく捕虜の乗っていた艦船の話やどこに滞在していたのかを出来るだけたくさんの捕虜から聞き出し、それら話の断片を後で統合する形をとっていた。

今井によると「本人は何を聞かれているかわからないから適当に話すけれども、こちらは気づかれないよう、各方向から何本も方位線を入れてみる」という方針であった。これは強引に聞き出そうする手間を省くことが出来たし、偽情報を摑まされる危険性も少なかったという。これに関して今井は以下のように述べている。

潜水艦の場合は、大体いつ頃香港を出て、ハワイにいつ頃入港して、何日間ぐらい滞在して休養をとり、どこへ向かって出港し、作戦海域に何日ぐらい出て、どんな戦果をあげて、またハワイへいつ頃ついて何日いたか、と言う一連のサイクルの動きが正確にわかってくる。之を米国の全潜水艦の数から逆算すると、この海域には常時何隻ぐらいの潜水艦がいて、どの範囲まで行動しているかの推定図が出来上がる。[6]

捕虜尋問に加え、戦場での鹵獲書類もやはり重要な情報源であった。実松によると、「われわれが入手したものは、主として飛行機搭乗員の携行した書類であった。米軍の「沖縄上陸作戦計画書（二〇〇ページほどの極秘文書）」は、わが本土決戦準備にひじょうに役立った」[7]ということである。これら鹵獲資料の中でも、軍令部情報部が入手した〝US Navy Task Binder〟と書かれた黒い表紙の書類には、米海軍の主な艦船の装備、配列、写真などが示されており、これを見た今井は、「初めて知るエセックス級の空母などを見て、その飛行甲板両側一列に並んだもの凄い数の対空砲火の列など、装備の大略が一目瞭然としていたのには今更のごとく目を見張った」と述懐している[8]。

諜者（スパイ）に関しては謎が多いが、例えば戦前、日本海軍は元英海軍将校フレデリック・ラットランド、元独海軍将校ベルナルド・クーンら外国人をスパイとして雇っていた[9]。また、ホノルルに外務省書記官、森村正（もりむらただし）として潜伏していた吉川猛夫（よしかわたけお）少尉の存在は良く知られており、彼らの活動は海軍の対外情報収集に寄与していたのである。

陸軍からの情報は、海軍の収集できない類のものであることが多かった。それらは例えば極東ソ連軍の配備状況であるとか、中国大陸からの情報などであり、参謀本部が収集した通信情報や人的情報が記載され、その情報の確度が「甲乙丙」の基準で分類されているものであった[10]。

公開情報とは、主に雑誌、新聞、放送から得られる、戦況や相手軍事当局の発表情報のことである。戦時中は同盟通信社の情報局分室が世界各国のニュースを毎日集め、翻訳、取りまとめて「敵性情報」として軍部に報告していた[11]。

ただし情報を流す側は、相手に情報を知られる事を前提にしているわけであり、つねに真実を公表するとは限らないし、それを検討する側もそのような情報が正しいかどうかをつねに考慮しなくてはならない。今井は、「ニュースの裏に秘められた意図や行動を読むとなると相当なものだが、之が出来るようでなくては、本当の情報士官にはなれない。（中略）外国のニュースは之に宣伝のころもが被せてあるから、尚一層事は厄介だった。彼らの流すニュースは勿論、何かを意図して流すのだから、その裏の裏、ニュースの真の意図、目的を読み取る必要があった」と述懐しているのである[12]。

海軍の「状況判断資料」に拠れば、この時代の公開情報源としては、「ロイター」、「AP」、「UP」、「ライフ」、「タイム」、「ニュースクロニクル」、「ニューヨーク・タイムズ」、「ニューヨーク・ヘラルド・トリビューン」、米中央放送、香港放送、各国の軍事雑誌などが確認できる。太平洋戦争中、このような雑誌の類は、当時中立国であったスウェーデンやアルゼンチンで収集されていた。アルゼンチンにおいては津田正夫同盟通信支局長、スウェーデンにおいては既述の小野寺らがこの任に当たっていた[13]。戦争中、公開情報の入手を制限された日本軍は、この同盟通信やその他海外特派員からの情報をかなり重視していたようである。また今井も「ライフ誌やタイム誌又はニューヨーク・タイムズ紙の雑誌新聞類は終戦近くまで入手可能であった」と証言している[14]。

そもそも雑誌の類が作戦や戦略に影響を与えるのか、といった疑問もあろう。これに関しては後述するが、新聞や雑誌などといった公開情報は、情報分析者にとって必要不可欠なものである。公開情報から情報の断片を集め、それらを熟練の情報分析者が組み立てていくと、有効なインテリジェンスとなるからである。

また雑誌類に掲載されている写真などが意外な情報となることもある。例えば一九四一年一月二三日、イギリスから新任の駐米大使ハリファクスが英戦艦「キングジョージ五世」でアメリカに到着した際の写真が『ライフ』誌に掲載された。そこには日本海軍が初めて見る、最新のロケットランチャー式対空砲が写っていたのである。当時日本海軍の対空砲の主流は機関銃であったため、海軍首脳部はこのキングジョージ五世の最新装備に注目したのであった[15]。

一九四四年一月には同盟通信の記者が、ウォールストリート・ジャーナルから得た情報として、アメリカの航空機エンジンの生産についての報告を東京に送っている。民間会社からの報告では、新聞社だけではなく、海外の商社や石油会社の社員からも現地状況や、空港、港の様子などが軍部に報告されている。例えば、一九四二年二月一四日、陸軍が落下傘部隊によって無傷でスマトラ最大の油田であるパレンバンを制圧したパレンバン作戦計画の過程において、現地の地図、油田や空港の情報を軍部に提供したのは民間の企業であった[16]。

さらに日本は同盟国であるドイツからも情報提供を受けていたが、これはあまり有益ではなかったようである。米英が情報面でも強力な紐帯を築き上げていたことを考えると、ここでも連合国と枢軸国の差が如実に表れたことになる。

日独の情報交換は一九三七年一一月の日独伊防共協定に先立つ五月一一日、「ソ連邦に関する日独情報交換付属協定」として大島浩（おおしまひろし）駐独大使とカナリス提督の間で具現化した。これによって双方はお互いの情報を交換するはずであったが、実質的にはあまり機能せず、また一九三九年の独ソ不可侵条約によって形骸化していた[17]。実松はドイツからの情報において、「米国の戦力についてのドイツの判断は、われわれのものよりも過小評価のきらいがあった」と述べており、これをあまり評価していない[18]。

もちろん海軍は前線の作戦部隊からも随時情報を入手していた。実松によると、敵情判断のために特に重視された情報とは以下のようなものであった。

①行動中の敵部隊の動き、②わが要地に対する敵の偵察、攻撃などの実施状況、③連合国首脳会談と次期作戦の関連、④軍事会議と次期作戦の関連、⑤敵潜水艦の配備、とくにわが海上交通線の破壊工作作戦以外の任務を有すると思われる潜水艦の動静、⑥米本土からの補給部隊（主として商船）のハワイおよび前線への動き、⑦米西海岸（主にサンフランシスコ）からハワイ方面への飛行機の動き（主として空輸状況）、⑧作戦部隊指揮官の性格、⑨記念日（日米とも）と作戦の関連、⑩天候（台風、不連続線など）と作戦の関連。

戦争末期の状況を考えると、海軍はよく情報を収集できていたのではないかと考えられる。そして重要なのは、これは海軍単独の情報収集活動で、陸軍、外務省などは別に行なっていたため、三者を併せれば、全体としては相当な量の情報が蓄積されていたことである。

2 日本の通信情報（シギント）

実力の過小評価

それではまず日本の通信情報（特情）について検討していこう。国際政治の歴史において通信情報が果たした役割は、すでにイギリスやアメリカでかなりの研究成果が発表されている[19]。しかし連合国の通信情報の威力を強調するあまり、枢軸側、特に日本は情報戦に完敗した、という定説が根づいてしまった。特にミッドウェイの勝負の分かれ目が、日本海軍Ｄ暗号（米側はＪＮ２５と呼称）解読の結果であったことは有名である[20]。

確かに連合国が日本の外務省、陸海軍の暗号を傍受・解読してそれを外交や戦略に結び付けていたのは事実であるが、他方、日本の通信情報能力に関してはほとんど検討されることがなかった。前述したように、戦後の風潮や関係文書の喪失もあって、日本におけるこの分野の研究はほとんど進展してこなかったのが現状であろう。

戦後、日本のインテリジェンスを調査していた米陸軍情報局（ＭＩＳ）は、「日本は米英の高度暗号を解読できずに終わっている」[21]と結論づけている。恐らくこの報告が、戦後長らく日本の暗号解読能力を説明する下敷きとなっていたと考えられるが、近年のイギリスにおける史料公開によって、太平洋戦争中から英米の情報組織は、日本の暗号解読能力を適切に把握しており、むしろその能力を脅威と捉えていたという事実が明らかになっている[22]。ＭＩＳの報告が必ずしも的確ではなかったにもかかわらず、そのような通説が戦後長らく信じられてきたわけである。これは恐らく、英米とも戦後の東西対立を見越して自らの手の内を明かすことのないように、機密を保持し続けた結果であろう。

近年の見直し

他方、日本では戦後しばらく経ってから、旧軍人達が自らの経験を元に幾つかの回顧録を出版している。それらは、横井俊幸『日本の機密室』[23]、中牟田研市『情報士官の回想』[24]、鮫島素直『元軍令部通信課長の回想』[25]、釜賀一夫「大東亜戦争に於ける暗号戦と現代暗号」[26]などであったが、なかなかこれらが包括的に検討されることなく、一九九四年になってようやく有賀傳が『日本陸海軍の情報機構とその活動』[27]をまとめたのである。そして二〇〇四年には、外務省外交史料館、防衛研究所史料室にわずかながら保存されていた特情の原文や、『高木惣吉日記』、『昭和社会経済史料集成』内の資料、そして米公文書館に保管されていた史料を整理、検討し、森山優が「戦前期における日本の暗号能力に関する基礎研究」[28]を発表した。また『偕行』においては陸軍士官学校六〇期の近藤昭氏が「暗号戦」を連載し、その中で日本軍の暗号解読について詳細に著述している[29]。

他方、海外ではすでに日本の暗号解読についてはある程度知られていたようである。一九六七年にはデーヴィッド・カーンが『コード・ブレイカーズ』[30]を出版しており、その中でカーンは、東京大学の渡辺直経（考古学が専門。戦争中海軍に従軍していた）がカーンのために執筆した論文を基に日本の暗号解読に触れている。また一九八七年にはイギリスの歴史家ジョン・チャップマンが、駐独大使であった大島浩の記録から日本の暗号解読について言及しており[31]、一九九一年にはアメリカのエドワード・ドレアが『高木惣吉日記』を引用して、日本の暗号解読力を評価した[32]。

これらの研究を概観していくと、戦前日本の通信情報能力の高さが部分的にうかがえる。日本の通信情報活動に関しては一般に知られていない部分が多いため、時系列に沿って詳細な具体像を描き出していかなければならないだろう。

第二章
陸軍の情報収集

1　通信情報

(1) 対米英暗号解読活動

陸軍では敵の通信を傍受したものはすべて「特情」と呼ばれていたが、その中でも暗号解読によるものを「A情」、電話などの音声傍受を「B情」、通信調査や方位測定、すなわち発信される電波そのものを追ったものを「C情」と称していた[1]。

戦争中、参謀本部中央特種情報部員であった横山幸雄(よこやまゆきお)元中佐の記録に拠れば、陸軍が暗号研究に取り組む契機となったのは、一九二一年、外務省電信課分室で陸海軍、外務省、逓信省が共同で行った研究会であった。そこではそれぞれから暗号の専門家が出席し、主に米英の暗号解読に力点を置いて研究会を行うことになった。この段階で陸軍は暗号解読に対する認識に遅れがあり、ターゲットがソ連であったことから、米英暗号の解読に関しては当初海軍の方が秀でていたようである。そしてこの研究会は昭和初期には四省部協定となり公式な研究会へと発展していく[2]。

陸軍が本格的に暗号解読の重要性を感じたのは、一九一八～二二年のシベリア出兵が契機であった。一九二二年夏、日本はシベリアからの撤兵のためにソ連側と交渉することになり、その折、交渉の場である大連へウラジオ派遣軍司令部付の三毛一夫(みけかずお)中佐が、情報収集のために派遣されている。三毛はソ連側の代表団が大連の大和ホテルに宿泊している事を掴み、憲兵を使って毎日のようにソ連代表団が捨てた紙屑を収集、調査していた。

ある日、紙屑の中から暗号文らしきものが見つかり、早速東京の参謀本部へと送られたが、当時の参謀本部にソ連の暗号解読能力はなかった。しかしちょうどそのころ、ポーランド駐在武官岡部直三郎中佐から、ポーランド参謀本部がソ連の外交暗号を解読しているとの情報があり、三毛の入手した暗号文はポーランドにおいて解読された[3]。ポーランド参謀本部は一九一九～二〇年の対ソ戦争において、ソ連側の暗号を解読してソ連軍を撃破した経緯があり、その功績は日本の参謀本部にも知られていたのである。

この件がきっかけとなり暗号解読の重要性を痛感した参謀本部は、一九二三年、ポーランド参謀本部からヤン・コワレフスキー大尉を招聘してソ連暗号解読の講習を行う事になった。この講習には参謀本部から、百武晴吉大尉（ロシア担当）、井上芳佐大尉（イギリス担当）、三国直福大尉（フランス担当）、武田馨大尉（ドイツ担当）らが参加し、海軍からも中杉久治郎中佐が参加している[4]。

その後、参謀本部第三部第七課（通信）内に百武を班長とする暗号解読班が編成された[5]。これが参謀本部における本格的な暗号解読組織の誕生であった。

百武晴吉

そのころ、ワシントンの米国務省と東京の米大使館の間で、五文字のアルファベットからなる外交暗号が使用され始めており、百武と海軍省電信課員であった伊藤利三郎中佐の共同作業で暗号解読に取り組む事になった。この時、暗号内に頻出する「ＮＡＤＥＤ」という単語を英語の「ピリオド」と仮定した所、上手く解読できるようになり、その後この暗号は完全に解読されていくことになる[6]。この暗号は米国務省では「グレー」と呼ばれた暗号であり、陸軍は「Ｎ」暗号、海軍は「ＡＮ

2」と呼称していた。この国務省のグレー・コードはそれほど高度なものではなく、イギリスの暗号解読組織、GC&CSもこの暗号を解読していたが、当時防諜意識の低かった国務省はこの暗号を多用し、その後もしばらくグレー暗号は使用されることになる[7]。

一九三〇年七月には参謀本部第二部第五課に暗号の解読及び軍使用暗号の立案という任務を与えられ、陸軍の組織的な暗号解読が開始されたのである[8]。そしてその中心にいたのが、前述の百武や大久保俊次郎大尉といった人物であり、当時彼らはすでに中国大陸で張学良（ちょうがくりょう）政権の暗号を解読しつつあった[9]。第五課は一九三四年に第八班、一九三六年には一三五名の人員を抱える第十八班となっている[10]。

米国国務省は一九三四年に新型のブラウン・コードを導入し、グレー・コードと併用することになるが、この変更をグレー・コードで各国の大使館に通知したため、ブラウン・コードの使用は事前に知られていた。そして国務省のクーリエが新たな暗号書を持って神戸に立ち寄った際、以前から機会をうかがっていた憲兵隊がこの暗号書を盗写したのである[11]。この憲兵隊の功績によって陸軍は難なくアメリカのブラウン・コードを解読する事ができた。海軍でも「AF6」と呼称していたブラウン・コードは、一九三八年完全解読の状態となっている[12]。

ここで問題になってくるのが、米外交暗号の中で最も高度とされたストリップ暗号である。これに関しては憲兵隊が警備の手薄な神戸の米領事館に侵入し、内通者の手引きで金庫を開けるまでは良かったが、金庫の中に入っていたのは暗号書ではなく、セルロイドで作られた細い棒（ストリップ）の束であった。暗号書を使用する暗号ならばそれを写してくれれば問題ないが、ストリップ暗号はそれぞれのストリップの組み合わせによって暗号を作ることのできる高度なものであったため、盗写は意味

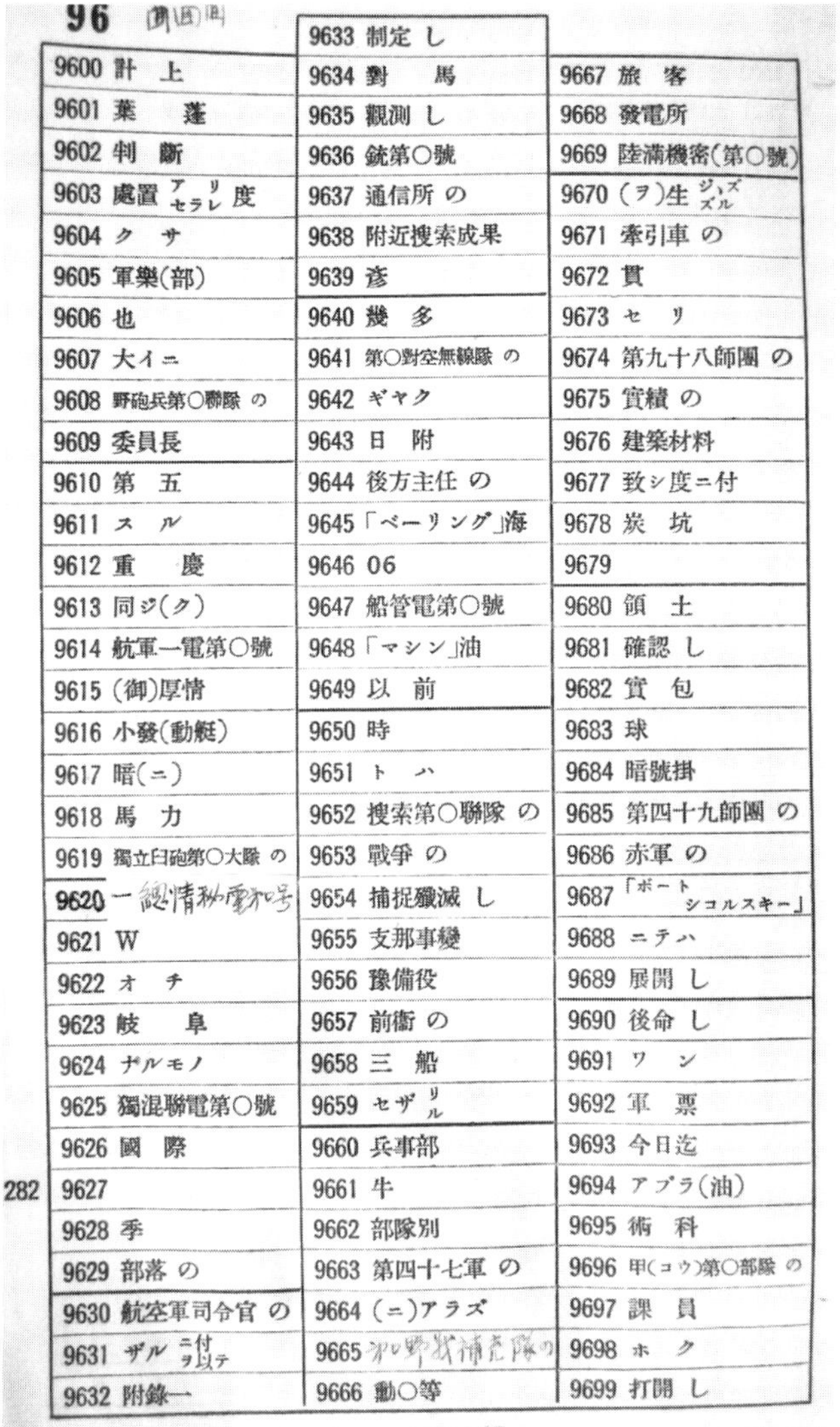
96

	9633 制定 し	
9600 計 上	9634 對 馬	9667 旅 客
9601 葉 蓬	9635 觀測 し	9668 發電所
9602 判 斷	9636 銃第○號	9669 陸滿機密(第○號)
9603 處置 アリ/セラレ 度	9637 通信所 の	9670 (ヲ)生 ジ、ズ/ズル
9604 ク サ	9638 附近搜索成果	9671 牽引車 の
9605 軍樂(部)	9639 彥	9672 貫
9606 也	9640 幾 多	9673 セ リ
9607 大イニ	9641 第○對空無線隊 の	9674 第九十八師團 の
9608 野砲兵第○聯隊 の	9642 ギヤク	9675 實績 の
9609 委員長	9643 日 附	9676 建築材料
9610 第 五	9644 後方主任 の	9677 致シ度ニ付
9611 ス ル	9645「ベーリング」海	9678 炭 坑
9612 重 慶	9646 06	9679
9613 同ジ(ク)	9647 船管電第○號	9680 領 土
9614 航軍一電第○號	9648「マシン」油	9681 確認 し
9615 (御)厚情	9649 以 前	9682 實 包
9616 小發(動艇)	9650 時	9683 球
9617 晤(ニ)	9651 ト ハ	9684 暗號掛
9618 馬 力	9652 搜索第○聯隊 の	9685 第四十九師團 の
9619 獨立臼砲第○大隊 の	9653 戰爭 の	9686 赤軍 の
9620 一[illegible]	9654 捕捉殲滅 し	9687「ボート シコルスキー」
9621 W	9655 支那事變	9688 ニテハ
9622 オ チ	9656 豫備役	9689 展開 し
9623 岐 阜	9657 前衛 の	9690 後命 し
9624 ナルモノ	9658 三 船	9691 ワ ン
9625 獨混聯電第○號	9659 セザ リ/ル	9692 軍 票
9626 國 際	9660 兵事部	9693 今日迄
9627	9661 牛	9694 アブラ(油)
9628 季	9662 部隊別	9695 術 科
9629 部落 の	9663 第四十七軍 の	9696 甲(コウ)第○部隊 の
9630 航空軍司令官 の	9664 (ニ)アラズ	9697 課 員
9631 ザル ニ付/ヲ以テ	9665 [illegible]	9698 ホ ク
9632 附錄一	9666 動○等	9699 打開 し

282

陸軍の暗号書の一ページ
陸軍暗号書5号（靖國偕行文庫蔵）

をなさなかった。従って一八班にとって残された手段は、科学的にストリップ暗号を解読することであったが、それは非常な困難をともなった。

しかし結論から言えば、一八班はアメリカのストリップ暗号を解読していたと考えられる。これは森山優が日本に残された特情の解読記録と、アメリカに保存されている原文をつき合わせて検証し、さらに数学的にも解読を試みているため説得力がある[13]。また戦争中のイギリス情報部の調査報告によると、すでに一九四三年の時点でイギリスは日本が米ストリップ暗号を解読していると結論づけている[14]。これは英米が解読した日本軍の暗号通信の中に、米ストリップ暗号から取られたと見られる情報が記載されていたためである。

ストリップ暗号の理論、仕組み自体は相当に高度であり、解読は困難であったが、それはまた同時に、暗号を組み立てる側にも高度な技術を要求するものであった。そのため、アメリカ側は暗号を組み立てる際に単純なミスを犯し、日本側はそのミスにつけ込んで暗号解読の手がかりとしたというわけである。

つまり陸軍は、米国務省のグレー、ブラウン、ストリップといった外交暗号を解読していたのである。当時最高の解読能力を有していたイギリスの暗号解読組織やドイツの暗号解読組織ですらストリップ暗号は解読していなかったので、この解読能力は相当なものであったと言ってよい[15]。言い換えれば、戦前から戦中にかけて陸軍は、米外交通信の多くを盗読できたのである。そしてこのストリップ暗号の解読成果によって、日本は一九四一年、ドイツと日独通信諜報協定を締結し、お互いの通信情報を交換することになった[16]。

他方、イギリスの使用する暗号に関してはなかなか解読作業が進展しなかったようであるが、外務省外交史料館には解読されたイギリスの外交通信が少数ながらも保管されているため、その一部（Interdepartmental Code）は解読されていたと考えられる。また一八班に勤務していたことのある広瀬栄一元少佐によると、一九四一年一月にシンガポールの極東情報部長（恐らくＦＥＣＢのハリー・ショウ大佐）からイギリス本国への電報を解読して、シンガポール要塞の陸正面が非常に弱いということを摑んでいる。このことから見ても[17]、対英通信傍受と暗号解読作業は延々と続けられ、時折解読に成功していたようである。

このような日本の対英暗号解読活動は戦後、英情報部の知る所となる。その手がかりは、ベルリンやヘルシンキから東京に宛てられた武官報告の中に、日本が英暗号の一部を盗読していることが示されていたことと、イギリスが接収したドイツの公文書の中に、日本側から提供されたイギリス外交暗号の解読記録が見つかったことであった。英情報部は情報流出を恐れて徹底的な調査を行い、日本がイギリスのいくつかの暗号を解読していた事実を突き止めた。ただしこのような調査記録は日の目を見ることはなく、既述したように戦後長らく秘匿されたのであった[18]。

また十八班は、対米開戦までは主に暗号解読に労力を注いでおり、陸軍が使用する暗号の作成にはあまり関心を払っていなかった。戦争が始まって以降、暗号の作成を防諜の一環と位置づけるようになったが、時期的には遅かった。開戦時に陸軍の通信業務に携わっていた戸村盛雄（とむらもりお）少佐は、「機械式暗号だからとられないと思っていた」と述懐している[19]。

このように、暗号通信の保全に関しては、陸軍が海軍、外務省と協力して暗号保全委員会を立ち上げる一九四三年後半の時期まで対策が施されることがなかったと考えられる[20]。

いずれにしても陸軍の暗号解読班にとって、米英暗号の解読は余技に過ぎなかった。あくまでも彼らのターゲットはソ連であったからである。従って、太平洋戦争が激化する一九四三年七月になって参謀本部はようやく中央特種情報部を設置し、対米暗号解読に本腰を入れ始めている。この時の「特種情報部臨時編制要領」によると、中央特情部の任務は以下のようなものであった。

1．東京に中央特種情報部を新設し、主として国際情報の収集に任ず。
2．各国暗号の強度は漸次強化しその解読は益々困難になりつつあり、特に米英暗号に対しては解読未だ極めて不十分（判読不可）解読能力者希少（判読不可）に鑑み、中央特種情報部に研究部及び教育部を置く。
3．中央特種情報部長は、特種情報業務の技術的事項に関し、各軍特種情報部長に指示する権限を付与す。[21]

一九四三年の時点でこの中央特情部の人員は三〇一名（その内、少尉以上の幹部が六三名）、そして一九四五年の最盛期には一〇〇〇名を越える規模となる[22]。

また中央以外にも、関東軍特種情報部（一九四三年の時点で五四八名）、支那派遣軍特種情報部（六八八名）、第二航空軍特種情報部（三〇三名）、第三飛行師団特種情報部（二二八名）、南方軍特種情報部（三六〇名）、第八方面軍特種情報部（二八七名）が存在していた[23]。

中央特種情報部、横山幸雄中佐の回想によると、この中央特情部は一九四四年五月に数学、語学専攻の大学生を動員し、さらにはＩＢＭの統計機を使ってアメリカ軍の使用する暗号の解読を行った結果、約八〇パーセントの成功であったという[24]。この成功によって日本上空に飛来するＢ－29の動静を察知することができ、香港では実際にB－29が撃墜されている。また広島に原爆を投下したエノラ・ゲイについてもある程度捕捉していたようであるが、通信傍受だけでは原爆についての詳細な情報を得ることまではできなかった[25]。

南方では米軍捕虜から米軍の暗号通信についての情報が入手され、その情報を元に一時的に米軍の暗号を解読することもあったが、すぐに米側が察知して暗号コードを変更している。

一九四三年以降、南方軍の特種情報部も米軍の暗号通信を傍受・解読し始め、ウェーク島やフィリピンに侵攻して来る連合軍の規模などを事前に予測するなど、かなりの成果を挙げたようであるが、このような成功は米英側に既知されていた。戦争中の調査でイギリス情報部は、「日本が英米の通信を傍受、解読することによって、相当ハイレベルの情報が流出している」と警鐘を鳴らしていたのである[26]。

このように陸軍は一九四三年から米英の暗号解読に労力を注ぎ、ある程度の結果を残すことに成功しているが、このような方策はあまりに遅すぎたのである。

（2）対中暗号解読活動

陸軍が中国大陸における暗号解読活動を開始した契機は、一九三一年の満州事変であったが、一九二八年の時点で既に張学良配下の使用する通信暗号を解読している[27]。そして満州事変の際には、参謀本部が工藤勝彦（くどうかつひこ）大尉を関東軍に派遣し、現地での傍受活動に従事させている。この時の通信傍受情報が、満州事変を外交的に解決しようとしたタンクー協定などに利用されたため、工藤はその功績を認められ、特情関係者としては初めて金鵄勲章（きんしくんしょう）を授与されている。

当時の中国軍の暗号は「暗碼(アンマ)」と呼ばれており、基本的には四桁の数字から構成されている上、同じ単語を何度も使う「反復」も随所に見られたため、解読はそれほど困難ではなかった。その結果、国民党の使用するほとんどの暗号が解読され、宋哲元(そうてつげん)や張学良、蔣介石(しょうかいせき)傍系軍の編成や行動を把握することができたため、関東軍は中国軍に対して機先を制し続けることができた。

例えば、北支那派遣軍特種情報班で暗号解読に携わっていたある士官の回想は、「(一九四〇年五月の宜昌作戦中において)作戦だけでも一二〇通を獲得、中国軍五四師団の動向が鏡に映るようにはっきり致した時の快悦は今日も心中を躍らせている」というものであった[28]。

また一九三七年七月、盧溝橋事件を受けて、近衛文麿(このえふみまろ)首相は宮崎龍介(みやざきりゅうすけ)、秋山定輔(あきやまていすけ)を日中和平の密使として南京へ派遣しようとしたが、この動きは中国暗号を解読した陸軍に知られる所となり、宮崎は神戸で、秋山は東京で憲兵隊に逮捕されている[29]。この事例から判るように、軍部は首相周辺や外務省の動静を通信傍受によって把握していた。一九三九年五月一三日、有田八郎(ありたはちろう)外務大臣は以下のように述べている。

どうも日本では本当の外交はとてもできない。自分は何一つお世辞も言えないし、外交的辞令も尽くせないから、恐らく英米の大使なんかも変に思っているかもしれないが、下手に言えばすぐ電信を日本の陸海軍に取られる。すると陸海軍は、何も知らない癖に、その言葉尻を捉まえてすぐ攻撃の的にする。まさか他国の大使達に向かって、電報は日本の陸海軍が取るから打ってくれるな、とも言えないし、まことに困ったもんだ。[30]

このように軍部による暗号解読は、軍部の外交への干渉を助長する要因にもなっていた。

一方、国民党の外交暗号に関しては、一九三六年までに解読が可能となっていた。例えば、盧溝橋事件の直後、蔣介石が米英仏ソに駐在する各大使に対して発した、「日本と開戦した場合、如何なる援助を望み得るや駐在国の意見を打診し至急報告すべし」という電信を傍受、解読している[31]。

横山によると、太平洋戦争中はこの中国の暗号通信を介して米英の意図を把握することができたようである[32]。ただし中国の防諜意識の低さについては、米英側にも知られていた[33]。バーバラ・タックマンの著作では、「アメリカは日本の暗号の解読により、日本も中国の暗号を解読していることを知っていた。すでにザルのような中国の機密保持に大穴が開いた」と中国の防諜の甘さが指摘されている[34]。

またイギリス自身が中国の暗号を傍受、解読していたため、その暗号強度の弱さは良く知られていた。戦争中のイギリス情報部の調査によると、ロンドン、ニューデリー、セイロン、シドニー、メルボルン、ワシントン、アンカラの各中国武官と本国の通信が日本側に傍受、解読されていたのである[35]。

一九四四年八月二九日、東京の参謀本部から各方面軍司令部に宛てた以下のような通信が米英に傍受、解読されている。

　中国在外武官から重慶への報告によると、米英は日本が連合国の暗号通信を読んでいることを察知したはずである。[36]

この一文によって、日本が何らかの形で米英中暗号の一部を解読していることが明白となってしまったのである。

また一九四四年三月九日にアメリカが傍受、解読した日本側の通信内容によると、在英中国大使がイーデン英外相との会談内容を重慶に送信しており、それを日本が傍受、解読していた。このことを知ったイーデンがノルマンディ上陸作戦の直前、ロンドンの中国大使館に外交通信の使用を禁じたため、中国大使館はこれに対して抗議を行っている[37]。英インド派遣軍のある将校は、「重慶の情報管理があまりにひどいため、重慶に送る情報は日本側に筒抜けである」と漏らすほどであった[38]。

米英にとって中国から日本に重要情報が漏れるのは深刻な問題であったが、中国が暗号強度を上げると、今度は米英が中国の暗号解読に苦戦することになるのでこれは頭の痛い問題であり、具体的な対処法としては、重要な情報は中国側に伝えないという方法しかなかったようである。

他方、中国共産党の暗号に関しては、それがソ連仕込みのものであったため難解であり、また特情部の中共に対する認識が薄かったために、すぐに解読することはできなかった。解読には相当の苦労があったようであるが、最終的には一九四一年二月二八日に中共の暗号第一号が解読されている[39]。しかし中共軍は防諜に対する意識が比較的高かったようで、頻繁にその暗号を更新したため、特情部による解読は断続的なものでしかなかったが、北支那派遣軍参謀は、中共軍による数々の攻勢は特情によって察知することができたとしている[40]。

一九四三年八月、中国大陸に派遣されていた特種情報班は統合され、南京に本部を置く支那派遣軍特種情報部（通称「栄九四四〇部隊」）が誕生し、終戦まで中国軍の暗号を解読し続けることになった。

(3) 対ソ暗号解読活動

陸軍がポーランドから講師を招いて暗号解読について学んだことはすでに述べたが、その後、参謀本部は一九二五年に百武晴吉中佐と工藤勝彦大尉、一九二九年には酒井直次少佐と大久保俊次郎少佐、そして一九三五年には桜井信太少佐と深井英一少佐をそれぞれポーランドに送り、一年間の暗号解読研修を受けさせている。百武によると、当時のポーランド参謀本部は二六〇〜二七〇名の人員を傍受・解読に割き、その対象は主にソ連とドイツであったという[41]。

また一九二八年には在ハルピン、ソ連領事館から、中国官憲を利用してソ連外交暗号の乱数表を数冊入手、これはソ連暗号解読の大きな鍵となった[42]。

そして右記の人員を核にして特情班が編成され、一九三四年には関東軍参謀部第二課（情報）に大久保俊次郎大佐を班長とする関東軍特種情報機関（表向きには関東軍研究部と呼称）が設立される。この機関は新京においてソ連の軍事暗号を解読する任務に就いており、一九三五年ごろまでには赤軍用四数字暗号の解読、対ソ連暗号解読に成功している。

一九四〇年四月、関東軍特種情報部は元ポーランド参謀本部のミッチェル暗号解読官を呼び寄せ、ソ連暗号の解読技術を向上させている。ミッチェルの協力により一九四一年末までにはソ連空軍の四数字暗号の解読に成功し、同年行われたザバイカル方面空軍大演習の詳細を追うことができたのである[43]。

ソ連の平文無線通信に関しては、関東軍参謀第一部鉄道主任参謀が満鉄調査部に調査を依頼していた。一九三六年、関東軍はソ連が建設しつつあった第二シベリア鉄道に大きな関心を寄せており、この建設の推移に関して情報を集めようとしていたのである。そこで満鉄調査部はハルピンに北方班分室を創設し、ソ連の平文無線通信を傍受することになった。

他方、関東軍特情部は、一九四〇年八月にソ連国内の公衆電話を傍受する目的で、満州新京に東亜通信調査会を設け、平文の通信を収集している。この東亜通信調査会は半官半民、三二〇名のスタッフを抱え、その通信情報は参謀本部情報部に送られていた[44]。

その他の傍受活動の例としては、ソ連軍の有線を盗聴していた「アキヅキ工作」がある。ソ連軍用電話の盗聴にはソ連国境を踏み越えねばならず、色々と試行錯誤されたようだが、最終的にソ連側電話線から発生する微弱電流を一〇〇〇メートル離れた場所からキャッチすることに成功し、日本側が雇ったロシア人にこれを盗聴させていたようである[45]。

また樺太の敷香(しきか)にも太田軍蔵(おおたぐんぞう)大佐の下、樺太陸軍通信所が設立され、ソ連の通信傍受が行われており、特にソ連空軍の四数字、五数字暗号の解読に精力が注がれていた。独ソ戦が開始された翌日の六月二三日、太田は「独ソ戦に関する情報続出」と記録している[46]。この暗号解読により、ソ連軍の編制や、教育訓練、人事異動、補給状況に関する情報を収集することができた[47]。

広瀬栄一の回想によると、ソ連は無線の使用を極力控えていたために、樺太での傍受活動はなかなか進まなかった。そこで広瀬はソ連の国境警備隊の近くを日本人警官に歩いてもらうよう頼んで、ソ連側に刺激を与える。そうすると国境警備隊は本部に向けて電報を打ち、まずはその電報を傍受することが可能になった。そこで次に、警官の人数や歩く時間帯を変えてみると、それぞれの暗号文の中で変化する単語が見られるようになり、それを基にしてソ連の国境警備隊暗号、ＬＫ２を解読したということである[48]。

他方、満州第二航空軍特種情報部は、一九四三年にはアラスカのフェアバンクスからソ連に向けて戦略物資を空輸援助する通信を解読している。一時、ヘンリー・ウォーレス米副大統領がこのルートで重慶まで飛行することが判明し、これを満州上空で撃墜する計画も練られていた[49]。

また解読までいかなくても、通信を傍受さえしていればその通信量である程度のことは把握できる。これは既述の「C情報」にあたる。例えば、一九四一年八月二日、突如ソ連軍の無線が封鎖されたため、関東軍特種情報部に緊張が走った。そしてこの情報は関東軍情報主任参謀、甲谷悦雄（こうたにえつお）中佐から、参謀本部第二部（情報）への直通電話によって伝えられ、東京では大慌てでソ連への対応が議論されることになる。この時、参謀本部の辻政信（つじまさのぶ）中佐が、ソ連に北樺太買収を提案して外交的攻勢をかけるべし、と主張するまでに状況が進展したが、実情は大気のデリンジャー現象によって電波が乱れたために無線が傍受できなくなっただけであった[50]。しかしこのような通信量の観察によって、一九四五年五月、関東軍情報部はソ連軍が満州、ソ連国境に集中してきている兆候を捉えており、これを参謀本部に通牒している[51]。

太平洋戦争中は、ドイツに林太平大佐（一九四三年からは在ハンガリー武官）、ハンガリーに桜井信太中佐、フィンランドに広瀬栄一少佐を配置して、ソ連暗号の解読活動が行われた。一九四四年、ハンガリーのブダペストでは桜井が対ソ暗号解読組織を立ち上げており、ここがソ連の赤軍暗号を解読する日本陸軍の最前線となった[52]。またルーマニア駐在武官室においても、日本に雇われた亡命ポーランド人数名が対ソ暗号解読に携わっていた[53]。

ベルリンでは日独通信諜報協定に基づき、主に日本側が解読した米英暗号と、ドイツ側が解読したソ連暗号の交換が行われていたのである。一九四五年三月、大島浩駐独大使はリッベントロップ外相からヤルタ会談の内容について知らされている。これはドイツが亡命ポーランド政権の通信を傍受、解読した情報であった[54]。

一九四三年一月、フィンランドの暗号解読組織と協力して対ソ暗号解読を行っていた広瀬は以下のように報告している。

フィンランドは、ソ連、アメリカ、トルコの暗号解読に成功し、現在はフランスのものを解読中である。さらに彼らは、スウェーデン、ドイツの暗号も解いているようである。[55]

フィンランド側は広瀬に米ストリップ暗号の解読記録を渡し、日本側の暗号が米英に解読されていることすら示唆していたのである。

広瀬を初めとする在欧の武官達は、フィンランド、ハンガリー、ポーランドの暗号解読関係者と協力してソ連暗号の解読に取り組んでいた。広瀬はフィンランドの暗号解読組織と協力して、ソ連の商船用暗号、外交用四数字暗号、赤軍五数字暗号の一部を、遅くとも一九四四年までには解読していたようである[56]。

しかし参謀本部においては、ソ連軍の動きを知る最も確実な方法がシギントであったと認識されていたにもかかわらず、シギント要員を拡充する努力が十分に行われなかった。戦後、参謀本部ロシア課の林三郎（はやしさぶろう）中佐が、「もっと多数の人数をこの方面にあて、かつ科学諜報（シギント）勤務者に対する進級、昇給などについても優遇の途を考えるべきであった」[57]と述懐しており、米英の大規模で組織的な通信情報活動に比べると、見劣りの感は否めない。またソ連の国境警備隊暗号だけに限定しても、一日に平均して二〇通を傍受し、それを満州八ヵ所の地点で行っていたため、傍受の重複を考慮しても一年間に傍受する通信の量は五万通以上に及んだ[58]。それらを逐一解読していくには膨大な労力と頭脳が必要とされたのである。

ただし陸軍は人員や資金不足の割には相当な暗号解読能力を有しており、膨大に収集される通信情報を処理する人員を早急に増加していれば、恐らく米英に匹敵する通信情報能力を備えていたのではないかと考えられる。

その能力の高さは、米暗号専門家の原久(はらひさし)元中佐、釜賀一夫元大尉が、一九四八年、占領軍による尋問中、米軍の暗号を実際に解読してみせて米側を驚愕させたことで証明されている[59]。また中国、ソ連暗号を解読していた大久保俊次郎元大佐、横山幸雄元中佐は、戦後も中国国民党に請われ、中国大陸、そして台湾でソ連の暗号を解読し続けた。その結果、極東ソ連軍の配置状況や、ソ連の原子力研究などについての情報を収集することに成功したのである[60]。

2 人的情報(ヒューミント)

(1) 沿革

人的情報というとスパイのようなものが連想されるが、基本的な情報収集は海外の大使館や領事館に派遣される駐在武官によって行われる。日本から派遣された武官は通常、カウンターパートである外国の武官や軍関係者などと情報交換を行い、さらに新聞などの公開情報などによって情報を集める。また必要な時には現地の人間を雇い、エージェントとしてグレーゾーンの情報収集活動も指揮する。

基本的にヒューミントは、シギントなど技術情報の及ばない情報源をカバーするものであり、現在においてもこの原則は概ね同じである。アメリカが偵察衛星や通信傍受などの技術情報に頼り過ぎた結果、イラクの大量破壊兵器を見つけることができなかったことは記憶に新しい。陸軍も当時からこの点について認識しており、北支那方面軍参謀によると、特情は正確である反面、大雑把であるので、詳細な情報源であるヒューミントによってこれを補完しなければならないということであった[61]。

ちなみに一九四一年に陸軍は機密費だけで年間約四〇〇〇万円（現在の貨幣価値で三二〇億円）も計上しており、これが戦争末期の一九四五年になると四億円（三二〇〇億円）にまで増加する[62]。

陸軍の人的情報活動は、大別して、①北方（満州）における対ソ情報活動、②中国大陸における対中情報活動、③南方における対英仏情報活動、に分類することが出来る。そして陸軍の関心は主に北方にあり、南に行くほど関心が薄れていくため、最も労力が割かれたのは対ソ情報活動であった。

戦前の日本にとっての対外情報機関は陸軍の特務機関（一九四〇年からは情報部支部と呼称）であった。最初に特務機関が置かれたのは、シベリア出兵の一九一九年になってからのことである。この時、ウラジオストク、ハバロフスク、ブラゴベシチェンスク、ニコラエフスク、吉林、ハルピン、チタ、イルクーツク、オムスクといった極東ロシア地域に特務機関が設置されている。ちなみに「特務機関」という名称は、一九一九年二月、ウラジオストク派遣参謀兼オムスク機関長であった高柳保太郎（たかやなぎやすたろう）少将が初めて使用したものであった[63]。

陸軍特務機関による情報活動は、中央の参謀本部が特に管理していたわけではなく、各派遣軍の下で情報部の自主性に任されていた[64]。一九二〇年代初頭に黒河特務機関員であった神田正種大尉によると、各特務機関は関東軍の指揮下にあったが、実際は参謀本部ロシア課とも関係していたという。また当時の機密費は月額一〇〇円（現在の貨幣価値で八万円ほど）であり、現地の物価を考えてもこの額では到底足りず、まともな情報収集活動ができなかったようである[65]。

関東軍で情報収集に携わっていたのは関東軍第二課であるが、一九四〇年には柳田元三少将の下、関東軍情報部が発足する。これはハルピン機関（二〇〇名）を情報本部とし、四五～七〇名からなる一二支部を手足として情報収集にあてる組織であった[66]。この機関は最盛期の一九四四年には土居明夫情報部長の下、四〇〇名にまで拡充されており、各支部の合計は二〇〇〇名近くにもなった。ハルピン機関の任務は、情報収集から謀略、宣伝、防諜と多岐にわたっており、主に人的情報（中野学校出身の工作員や現地協力者、ソ連からの亡命者など）によってソ連軍の動静を把握する事にあった[67]。

この頃、参謀本部の関心が満州とロシアにあったことから、この地域の情報収集活動が強化されていったのは当然の帰結である。ソ連は陸軍の仮想敵国であったことから、対ソ連インテリジェンスには相当な資源と労力が投入されていたのである。

他方、ソ連にとっても極東における日本の情報活動は大きな脅威となっていた。戦間期を通じて、ドイツが勃興してくる一九三〇年代後半を除くと、ソ連の防諜活動は対日活動に重点が置かれていたのである。この主な原因は、一九三二年三月の満州国建国以降、日本とソ連が直に勢力圏を接する関係となったことである。関東軍情報参謀であった西原征夫元大佐は、満ソ国境紛争における緊張状態を、小規模紛争期（一九三二～三四年）、中規模紛争期（一九三五～三六年）、大規模紛争期（一九三七

〜三九年）に分けており、そのクライマックスが一九三九年五月に始まるノモンハン事件であったとしている[68]。

ソ連は、第二次五ヵ年計画（一九三三〜三七年）を期に、国境警備隊や防諜部であるNKVD（内務省人民委員部、後のKGB）による防諜活動を強化していくことになる。それまでのソ連赤軍による国境警備は、三〜四隊（各隊一〇〇〇〜二〇〇〇名）の規模であったのが、一九三〇年代に入ると一八〜一九隊と急速にその数を増加し始めたのである[69]。

さらにスターリン自身が権力を掌握する上で、自らの情報部による鉄の統制を必要としており、また彼らを従わせるには判りやすい外敵が必要であった。そのために外敵として当時、極東で衝突が予想される日本が選ばれたのである。

近年ロシアで公開された史料によると、NKVDは人海戦術によって徹底的な調査を行い、あらゆる情報活動、破壊、謀略活動が日本による工作活動の結果によると報告していたため、極東における日本の活動は誇張されてモスクワに伝わっていた[70]。このような報告は物理的証拠の乏しいものばかりであったが、そのため日本人に接触したロシア人、もしくは外見が日本人に似たアジア系民族は次々とその監視下に置かれ、逮捕、投獄されていた。

他方、陸軍はソ連の防諜活動の強化に対して、一九三六年に「対ソ諜報機関強化計画」というプランを練り上げる。これは「ソ連内における我が諜報活動を強化し、ソ連側の対抗手段を打破し、確実迅速なる諸情報の獲得を計る」というものであり、その中身は対ソ情報活動の予算拡充と通信情報の強化であった[71]。ちなみにその年に関東軍情報部が要求した予算額は、九二万六二六五円（現在の貨幣価値でおよそ八億円）であり、その内訳は左図のようなものであった。ここに陸軍の対ソ情報活動強化の実態が見て取れる[72]。

件名	金額
特務機関の内容刷新に伴う人件費増加額	139717円
特務機関、諜報、宣伝、政務指導費増加額	74760円
分派機関人件費及び諜報費（新規）	182520円
在外公館駐在費（新規）	33600円
無線諜報要員増加費	62600円
諜報要員養成費（新規）	159600円
有線電話窃取費	36000円
国境地帯ソ軍陣地及諸施設撮影費	110000円
極東「クリエール」費	12000円
謀略準備及諜報要素培養費	80000円
満州国内よりする対外蒙工作費	36000円

(2) 情報機構の改革

一九三〇年代後半、参謀本部では対ソ情報収集活動が再検討されており、文書情報と通信情報を強化する案が練られていた。この組織改革の中心にいたのが当時参謀本部第二部（情報）第五班長であった秋草俊中佐である。

秋草は対ソ情報のスペシャリストで、一九三三年から三年間ハルピン特務機関に従事していた。そこで秋草は当時ロシア・ファシスト党（RFP）の極東代表であり、まだ二〇代の青年であったコンスタンティン・ロザエフスキーに目をつけ、RFPを裏から操る黒幕として活動した。当時のロシア・ファシスト党は党員一万人にも満たない小さな組織であったが、この組織は日独と提携してソ連の共産主義体制打倒を標榜していたため、秋草の工作対象としては適切であった。ロザエフスキー自身は一九三九年に荒木貞夫大将、小磯国昭拓務大臣と会見し、RFPへの支援を取り付けることに成功している[73]。

このハルピンにおける任務を通じて秋草は、対ソ情報活動の重要さを痛感するとともに、個人的な裁量だけでは十分な活動が行えないことを悟った。秋草の対ソ情報活動に必要とされたのは、専門知識を有したインテリジェンス・オフィサーと、そのような

秋草俊

活動をバックアップする情報組織であった。

また同じころ、参謀本部員、岩畔豪雄中佐が「諜報謀略の科学化」という意見を提出して注目を浴びていた。岩畔は日清戦争後に作られてそのまま放置されていた軍機保護法の改正を視野に入れていたのである。一九三〇年後半は、陸軍のインテリジェンスが大きく変わる時期であったと言えよう。

このインテリジェンス機構の改革の要因は、既述したソ連の対日防諜活動強化と、二・二六事件に伴う陸軍の組織改編にあった。まず一九三六年八月には参謀本部第二部にロシア課が新設される。それまで参謀本部第二部欧米課がソ連情報を担当していたが、対ソ情報収集強化のため独立した課に格上げされたのである。さらに翌年一一月には謀略課が新設され、影佐禎昭大佐が初代課長に就いている。

一方、陸軍省においても一九三六年八月に兵務局が新設され、防共に関する業務を担当することになった。同年九月、初代兵務局長、阿南惟幾少将は、田中新一兵務課長、福本亀治憲兵少佐、岩畔、秋草らに防諜機関設立の指示を出した。

そして福本、岩畔、秋草らが中心となって、一九三七年一二月に「後方勤務要員養成所」（後の中野学校）が兵務局内に設立された。中野学校が本格的に始動し出した一九三九年には、謀略資材の初年度費として六二五円（現在の貨幣価値で約五〇〇万円）、謀略実施研究費として月額二〇〇円（約一六万円）の予算が認可されている[74]。初年度の入学数は一九名、その内一八名が一期生として一九三九年八月に卒業している。

中野学校設立の目的は、謀略、情報収集を主務とした秘密戦を戦う士官を急遽育成することであった。そこで中野学校では秘密戦（中野学校の定義によれば、諜報、宣伝、防諜、謀略）を戦うという概念の下、以下の四つの方策が掲げられたのである。それらは、①組織力の重視（それまで日本のインテリジェンスは個人の力に頼る所が大きく、欧米の中央情報部のような組織から見ると大きく出遅れていた）②高度な科学技術の重視（主にシギントの重要性が強調されたが、ここでは科学的、論理的な分析手法なども含まれている）③各要員の持つ専門的知識と資格を十分に活用する④人間養成、などであった[75]。

中野学校の「秘密戦概論」によると、中野学校における教育の中心となった秘密戦については、「対外行為。国家間の闘争に関する手段。国防行為。常に目的を秘匿したる裏面工作。智能的策謀。」と定義されていた[76]。また「秘密戦概論」は情報収集の目的を、経済諜報、思想諜報、政治諜報、軍事諜報、金融諜報、外交諜報とし、情報収集手段については視察諜報、社交諜報、文書諜報、物件諜報、無線諜報としている。当時、陸海軍は本格的なインテリジェンス教育のための機関を有していなかったため、中野学校における情報教育は画期的なものであった。

その他の教育内容は、語学や軍事学、謀略、情報などの学科と、剣術、柔術、暗号、忍術などの術科、そして現地研修などから成っており、学生はおよそ一年ですべてのカリキュラムをこなさなければならなかった[77]。中野学校では忍術や錠開けといったユニークな学科が揃っていたが、特に注目すべきは、吉原正巳（よしはらまさみ）教官（士官学校生徒時に五・一五事件に関与したとして収監。その後東京帝国大学の平泉澄（ひらいずみきよし）の門下生となる）による国体学であった。

これは北畠親房（きたばたけちかふさ）の『神皇正統記（じんのうしょうとうき）』に基づいた皇国史観であり、中野学校生の精神的支柱となったものである。このような精神教育を重視することによって、買収やハニートラップにも誘惑されず、また太平洋戦争後半の過酷な条件下においても戦い抜くことができるインテリジェンス・オフィサーを育成することができたと言われている。

中野学校に関してはその秘密性や後ろ暗さが強調される節があるが、日本のインテリジェンスの流れから見ると、中野学校の創設は陸軍のインテリジェンスの弱点を補完し、対ソ戦に備えるものであったと考えられる。

こうして陸軍は一九三六年から、ソ連の防諜活動の強化に対抗する形で自らの対ソ連インテリジェンスを改革していくのであったが、問題は付け焼刃的な改革がどこまで通用するのかということと、そこまで迫ってきている対米英戦にどの程度の労力を振り分けるのかということであった。

(3) 対ソ情報活動

太平洋戦争中に参謀本部第二部でロシア課長を務めた林三郎中佐が、戦後この対ソ情報収集について貴重な記述を残している[78]。林によれば対ソ連インテリジェンス活動は困難をきわめ、それは「泥の中からきわめて小さい砂金の粒を丹念に探し出す仕事のようだ」というものであった。既述してきたように当時のソ連は防諜を主務とするＮＫＶＤを有しており、この組織の存在がソ連国内で情報を集める上で障害となっていた。ソ連国内におけるＮＫＶＤの監視は徹底しており、訓練を受けた人間でもＮＫＶＤオフィサーによる尾行を振り切るのは相当困難であったようである。

当時、日本陸軍で対ソ情報活動を行っていたのは、関東軍第二課第四班（諜報、謀略）と、関東軍司令部直属の各特務機関であった。

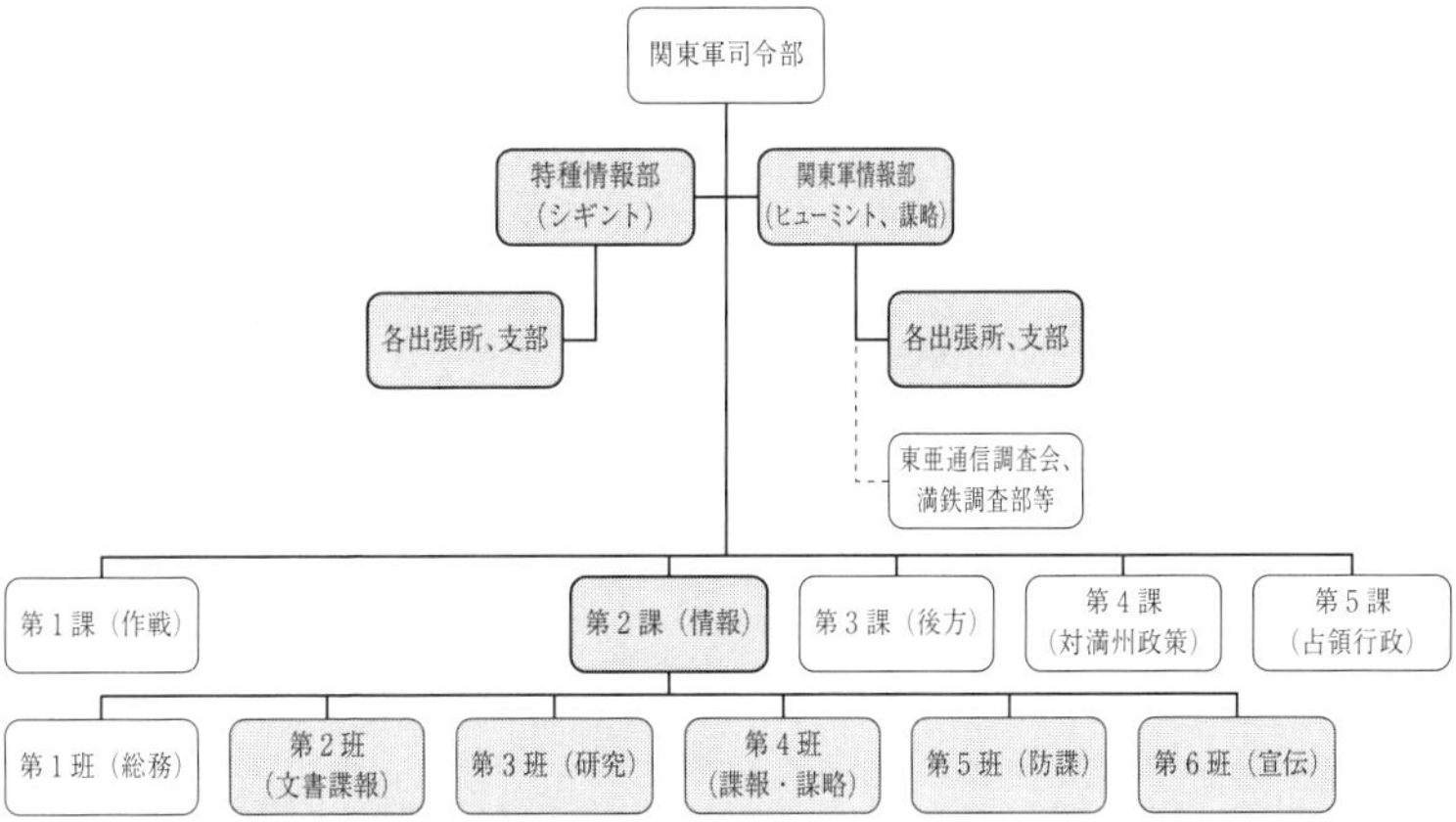

関東軍のインテリジェンス組織（1941年ごろ）

具体的な人的情報収集の手段としては、まず正式にソ連に入国した民間の日本人に情報収集を依頼するという手段がとられたが、これはＮＫＶＤによる鉄壁の防諜活動によってまったく成果を残さなかった。モスクワ駐在武官も情報収集に努めていたが、日本から派遣される駐在武官は、最初の入国の際に厳しいチェックを受ける。そして入国後もモスクワのサヴォイ・ホテルに押し込まれ、電話、手紙の点検、外出時には尾行がつくという有様であり、とても情報収集などを行える状況にはなかった。

ソ連国内での移動も当局によって厳しく制限されてはいたが、駐在武官はあらゆる機会を利用してソ連国内を旅行し、ソ連の実情を把握するように努めた。そのため駐在武官は、ドイツ製の遠距離偵察用自動車を発注し、車内で寝泊りを繰り返しながらソ連国内を視察していた。このような偵察任務により、モスクワ近郊の飛行師団には定数の二〇〇機が配備されていたが、地方のものには五〇機程度しか充足されていなかったことなどが記録されている[79]。

林はソ連国内の防諜活動に関して以下のように述懐している。

尾行者の訓練は、我々の見るところでは実に行き届いていた。尾行は男子だけに限らず、妙齢の婦人も混じっていたが、我々に顔を覚えられないように、一週間か二週間ごとに交代するのが常だった。また尾行中に上着を裏返しにして着るとか、いつの間にか口ヒゲをつけるなど、いたって芸の細かいところを示したこともある。それに尾行員には非常に大きな特典が与えられていたらしく、例えば尾行のために急に自動車が必要になれば、赤色の証明書のようなものを示して乗客のいるタクシーに飛び乗る場面や、ホテルの宿泊者を簡単に追い出す光景などをしばしば目撃させられた。だから一度彼らにピッタリ尾行されると、それを振り切ることはほとんど不可能に近かった。[80]

日本人がソ連国内で現地のロシア人と接触することもきわめて困難であった。当時は民間人にも防諜意識が行き届いており、またソ連国内に吹き荒れた粛清のため、外国人に道を聞かれただけでもスパイ行為と受け取られかねなかったのである。

そしてもしロシア人との接触に成功したとしても、そこから機微な情報を得ることはまずあり得ない話であった。なぜならソ連では機密情報の全体像を知る人間を完全に限定し、各人が断片的な情報しか持ち得ないようにしていたからである。一九三八年六月、ＮＫＶＤの極東地区長官であったリシュコフ将軍が日本へ亡命するという前代未聞の事件が生じた際、関東軍情報部はリュシコフの地位から相当な情報を聞き出せると期待していたのだが、実際に役立つような情報はほとんど何も聞き出せなかった。

これについて陸軍情報部の元士官は次のように語っている。「リュシコフはいくらか細部にわたって知ってはいた。しかし、すべてではなかった。彼は結局、ＮＫＶＤの人間なのだ。ソ連のような国では、情報は個々に区別され、その配布は必要最小限の範囲に限定される筈だ、ということは予期されていたことなんだ」。[81]

このように、人的情報活動によって決定的な情報を摑むことは困難であり、断片情報を根気よく集めていくしか方法がなかったために、対ソ情報収集活動は「泥の中の砂金」と揶揄されていたのである。関東軍情報主任参謀、甲谷悦雄中佐は、「対ソ情報勤務に関する限り、首尾一貫したまとまった単行情報にあまり期待すべきではない。もしそのような重要情報があったとしたら、すぐにこれを信用することは危険である」と感想を洩らしており[82]、林も、「情報提供者がソ連について非常に多くのことを知っている時は、怪しいと疑ってみる必要があった。防諜の厳しいソ連のことがそんなにたくさんわかる筈がないからである」[83]と書いている。

このように、情報を持った軍や情報部の関係者と接触して情報を引き出すということは困難であったため、ソ連から満州に亡命してくるロシア人を買収して、再びソ連に潜入させるという方法が考え出された。関東軍情報部はスパイ要員養成所においてロシア人スパイを訓練し、ソ連国内に潜入させる計画を練っていたのである。しかし、国境警備の厳しさからこれらスパイのほとんどはＮＫＶＤに逮捕され、洗脳された上にソ連側の二重スパイとなって帰ってくることが多く、この計画も困難をきわめた。一九四三年ごろには、ハルピンの特務機関が買収したロシア人スパイをソ連に潜入させようと画策していたが、関東軍特種情報部からの通信情報によって、この計画がソ連側に筒抜けであったことが判明している。

元ソ連軍情報部員からの情報によると、当時の極東ソ連の国境警備は厳重をきわめていたため、満州から国境伝いにスパイを送り込むことは不可能に近かった。甲谷の回想によると、すでに一九三四年の時点でNKVDは二万～三万名の国境警備隊と軍用犬によって満州ソ連国境を固めていたという[84]。関東軍情報部はこの軍用犬の扱いだけでも相当に手を焼き、これを無力化するために、陸軍科学研究所への依頼によって犬の嗅覚を麻痺させる薬品と、犬の性欲を刺激する薬品が開発されたほどである[85]。

また仮にソ連への潜入に成功しても、すぐに捕まるケースがほとんどであり、甲谷の記録によれば、一番長く潜入していたスパイでも一週間が限界であり、そのようなスパイも最後は射殺されている[86]。

ただしスパイの潜入に関しては憲兵隊に一日の長があったようで、憲兵隊員の証言にはいくつかの成功例が散見される。また関東軍情報参謀が憲兵隊にスパイのソ連への潜入を依頼したこともあった[87]。いずれにしても、優秀なエージェントを雇うための条件の一つは十分な報酬であったが、各特務機関はそこまでの潤沢な資金を手にしていなかった。例えば、憲兵隊に逮捕されたソ連側スパイは、当時最高級のライカのカメラと現金五〇〇〇円（現在の貨幣価値で約四〇〇万円）を持っていたというが、日本側では一人のスパイにそこまで金をかけることができなかった[88]。

しかし一九四一年六月に独ソ戦が勃発すると、二日に一人の割合で逃亡ソ連兵が満州国境を越えてきたため、収集される情報も蓄積されつつあった。一九四一年末には逮捕されたソ連兵は一三〇名にもなったそうである[89]。ただしNKVDはこれら脱走兵の中にスパイを紛れ込ませていたため、相当数のソ連側スパイが満州国に潜入することにもなる。当時の満州国保安局は、このようなソ連側からの逃亡者を一時的に勾留し、取調べが終わると釈放していたため、そこをソ連側に付け入られる形になった。

さらにロシア人以外にも満州の現地人、朝鮮人、モンゴル人などがスパイとして選定されたが、大抵はソ連側のスパイとなっていることが多かった。特に向こうから日本側での職務を希望してくる者は、まずソ連側に雇われたエージェントであったようである。日本側の特務機関が長年雇い、信頼も厚かったロシア人が戦後ソ連側のスパイであったという例は枚挙に暇がない。彼らは、日本人に対して反共的言動を取って上手く取り入り、特務機関に浸透していたのであった。そしてそれは、一九四五年八月九日、ソ連軍が満州に進撃するとともに、秋草俊関東軍情報部長を初めとする特務機関関係者が次々と連行されていったことに如実に表れている。

数少ない成功例としては、一九三六年にハルピン機関の山本敏少佐（後の中野学校校長）の工作によって、在ハルピンソ連領事館の電信スタッフであったミハイロフを買収し、ハバロフスク―モスクワ間の通信の写しを入手していた工作である。

これはしばらくしてソ連側が気づき、正誤取り混ぜた偽電情報を発信するようになったが、逆に日本側はこれに気づかない素振りをして終戦までこの情報源を確保した[90]。偽情報とわかっていれば、相手が偽情報を流して真意を隠す意図を探ることができるため、偽情報の入手もそれなりに重要である。関東軍情報参謀、西原征夫大佐によると、ハルピン機関はこの工作のために月五〇〇〇円を投入していたという。

このミハイロフから得られた情報は、米英側に解読された日本軍の暗号通信の中にも「哈特諜（ハルピン特別諜報）」として頻出する。そのためイギリス情報部はソ連の暗号通信が日本に解読されているのではないかと疑っていた[91]。しかしこの類の情報活動はむしろ例外的であり、その他のヒューミント活動はなかなか振るわなかったようである。

その他の情報収集手段としては、満州、ソ連国境線に立ってソ連側を直接双眼鏡で眺める国境視察や、モスクワに派遣されていた外務省のクーリエ（外交伝書使。本国政府と出先機関との連絡のため、文書等の運搬を任務とする外交官）がシベリア鉄道に乗りながら線路の周りの様子を直接観察するという初歩的な手段しか採りえなかったのである。しかしこのような地道な活動も、データを蓄積しておくという点で重要であった。国境視察は視力の優れた者を中心に構成される七〇〇～八〇〇名の偵察部隊であり、昼夜を問わず二四～一五〇倍の望遠鏡でソ連国境をひたすら眺め続けるというものであったが、ソ連領内の一兵、一馬、一車両まで細かく記録し、ウラジオストクにおいては港の船舶の出入りを一隻一隻把握していたという[92]。涙ぐましい努力のようでもあるが、このような地味な定点観測こそ情報収集の原点である。

またこのような観測の積み重ねによって、一九三三年には黒龍江対岸で大規模な土木工事が始まったことが確認され、ソ連側がトーチカを建設中であることが発見された。ちょうど同じ頃、反対側のソ連、ポーランド国境にもトーチカが建設中であるとの情報が寄せられていたため、関東軍は、一九三三年七月にチャーターした満州航空会社の旅客機をソ連、満州国境ぎりぎりに飛ばせ、このトーチカ建設を確認するに至った。そしてこのような情報収集を基にして「ソ軍国境築城情報記録」と題する詳細なソ連軍トーチカの分析報告を作り上げたのであった[93]。

さらに陸軍省は外務省と協議して、東京からモスクワ、ベルリンに派遣するクーリエに身分を秘匿した、鉄道、航空、軍事観察専門の偵察将校二名を紛れ込ませていた。この偵察役には中野学校出身者から多く選ばれ、その任務は主にソ連国内の軍用列車の運用状況を調べることであった。彼らは列車の速度から橋の長さを測定したり、橋梁の構造、列車間隔等を調べ上げ、その輸送能力を調べていたのである[94]。当時日本はポーランドとソ連情報に関して年に一、二度の情報交換を行っていたが、この鉄道調査資料はポーランド側の垂涎の的となり、その見返りとして日本もポーランドから相当な情報を提供された[95]。また参謀本部第二部長（情報）を務めた有末精三（ありすえせいぞう）少将の記録にも、このクーリエ報告が定期的に散見される[96]。

このクーリエ情報は、一九三九年のノモンハン事件の際、極東に輸送されるソ連軍の軍事輸送状況を詳細に記録しており、この情報を基に関東軍はソ連軍の作戦兵力を算出することができた。また一九四五年のソ連参戦の直前にも、このような兵力輸送の情報が報告されている[97]。

関東軍情報部は上記の国境監視のデータや、ソ連内に潜入させたエージェントからの情報、そしてこの偵察将校からの視察記録など膨大な情報データを集めていた。またチタの領事館の副領事山本三郎として赴任していた大越兼二（おおこしけんじ）大尉は、ソ連人エージェントを獲得して、チタ駅を通過するソ連軍用列車の詳細な情報を集めていた。そして情報部はこれらのインフォメーションを統合、分析し、最終的にはシベリア鉄道の運行ダイヤグラムを完成させることに成功している[98]。

このようなソ連の鉄道輸送に対する情報の蓄積と、既述の定点観測が上手く組み合わさった例としては、一九四五年四月のチタ情報が挙げられる。当時ブラゴベシチェンスクとチタの日本領事館には外交官の身分で、中野学校出身の情報将校が勤務していた。領事館の天井裏からはシベリア鉄道が見下ろせるために、毎日のようにここから定点観測が行われた。そして一九四五年三月から四月にかけての観測は、ソ連の極東方面への鉄道輸送の大幅な増加が確認されたため、領事館はこれを参謀本部に報告している。四月一六日の『機密戦争日誌』ではこの情報について以下のように触れられている。

『チタ』領事館員の三月一日に於ける目撃、伝書使の四月上旬に於ける視察に依れば『ソ』連は極東に狙撃兵団並びに相当数の飛行機、戦車等を極東に輸送を開始せるものの如し。独『ソ』戦の現況に基づき、対日戦兵備を既に準備中なりと第二部は判断しあるも、若しこれが真実となりせば由々しき問題にして、其の対日開戦の時期判断と之が対応措置の急速なる完整とは大東亜戦争完遂の致命的鍵として最大なる関心を払うの要あり。[99]

公開情報に関しては一九三五年三月、小野打寛大尉がハルピン機関の中に文書諜報班を設置することで本格的な公開情報分析が始まった。設立当初は小規模な組織であったが、一九四一年には日本軍将校三七名、ロシア人五二名からなる組織となり、雇われたロシア人も帝政ロシア時代の将校などインテリが選ばれた[100]。この文書諜報班は、ソ連国内の出版物をできるだけ集め、参謀本部と分担して公開情報の分析を行った。大まかな分担は、参謀本部がソ連全般の情報、関東軍情報部が極東ソ連の情報を取り扱うことになっていた。

この文書諜報班は公開情報として主に、「プラウダ」、「イズヴェスチャ」などの中央機関紙、「チホオケアンスカヤ・ズヴェズダ」、「ザバイカルスキー・ラボーティ」などの地方紙、そして「クラスナヤ・ズヴェズダ」、「ヴォエンナヤ・ムイスリ」などの軍事専門誌を集めて丹念に分析していた。また同組織は無線電話の傍受も行っており、これらは「音秘・音情」と呼ばれていた。

この文諜班は一九三八年までに極東ソ連軍、各指揮官約四〇〇〇名のカードを作成し、これを基礎として各部隊編成配置等をかなり正確に判断していた。また、一九三八年頃には、満州国内に不時着したソ連の郵便機の郵便物を開封、選別、複写した上でソ連側に返却するようなことも行っている[101]。

参謀本部にとってはこの種の公開情報分析が一番確実であったらしく、参謀本部ロシア課も二〇名ほどを割いて公開情報の分析に当てており、モスクワの武官室はソ連の新聞を丹念に読みぬくことによって、一九三九年九月のソ連軍によるポーランド侵攻を予測している。また関東軍は満鉄調査部にも依頼して公開情報を集めており、これらは毎月の「ソ連調査資料月報」として報告されていた[102]。

ただし当時のソ連では出版物への検閲が厳しく、また出版物の入手もＮＫＶＤによる妨害のため困難であった。社会主義国家であったソ連の出版物の多くは国営販売であったため、これらの購読者も常にＮＫＶＤの監視下にあったのである。林も「われわれは毎年、多数の地方新聞をモスクワで予約していたが、予約受付の後、極東ソ連領関係のものはほとんど解約された」と述懐している[103]。

他方、関東軍や参謀本部による「東側」からの対ソ連インテリジェンス活動に加え、欧州各国に配置した「西側」からの駐在武官による対ソ情報活動も行われていた。これに関しては参謀次長から具体的な情報収集のリクワイアメントが発せられており、参謀本部はドイツ、ポーランド、スウェーデン、フィンランド、エストニア、ラトビアなどの情報部と協力しながらソ連情報を収集した。

一九四〇年の終わりに駐独武官の岡本清福少将はドイツ側にソ連の通信情報を交換するように持ちかけており、これは翌年の日独通信諜報協定となって具体化する。この協定によってドイツから供給される情報は、在独日本大使館の武官室で分析されていた[104]。またドイツからはヒューミントなども入ってきており、関東軍情報部はドイツからソ連将校の捕虜の供述として、満ソ国境警備の手薄な箇所に関する情報を入手している[105]。

スウェーデンには既述のように小野寺信大佐が派遣されており、公開情報と人的情報から適切な情報収集・分析を行って東京に報告していた。当時中立国であったスウェーデンでは西側の新聞、雑誌類などが手に入ったため、これらの情報は同盟通信を通じて東京に送られている[106]。

小野寺のスウェーデン時代の情報源は、元ポーランド軍将校、ペーター・イワノフであった。イワノフは、ソ連情報やドイツ情報を収集してロンドンの亡命ポーランド政府に報告することが任務であったが、小野寺にもかなりの情報を提供していたようである。

また小野寺はスウェーデン陸軍省のケンプ少佐や、スウェーデン情報部のピーターセン少佐、ハンガリー陸軍のヴィッケンジー少佐などと親密に交流し、ソ連軍に関する情報を精力的に集めた。こうして収集されたソ連情報は、ドイツ国防軍情報部（Abwehr）のカール・ハインツ・クレーマーの持つ米英情報と交換されていた。

戦争中、参謀本部はスイスを通じて小野寺に工作資金を送金していたようであるが、これが上手くいかず、クレーマーがその工作資金を工面していたという。クレーマーの証言に拠れば、その額は大よそ二万ドル（現在の貨幣価値で約四〇〇〇万円）であった[107]。また小野寺とクレーマーは情報交換だけでなく、お互い協力して情報収集も行っていたようである。このような活動によって小野寺は、連合国側からヨーロッパにおける日本情報収集の中枢であるとの評価を受けており、そのために戦後、巣鴨に収容されたのであった。

いずれにしてもこのような小野寺の働きは、ヨーロッパにおける陸軍の人的情報収集の一端を明らかにしており、小野寺はソ連情報に加え、英米の情報も手広く収集していたことが分かるのである。またトルコなどでも、駐土武官がボスポラス海峡を通過するソ連艦船に対する定点観測を実施しており[108]、アフガニスタンでは一九三六年一一月にソ連情報を収集していた宮崎儀一少佐が「ペルソナ・ノン・グラータ（好ましからざる人物）」として国外退去させられている。

戦後、対ソ情報の専門家である林は、対ソ情報収集活動を総括して以下のように書き残している。

> 事実において我々の手許に集まったものは、断片的な情報が多かった。そこで我々の集めうる情報とは断片的なものであることを建前にすると、これらの断片的情報をどう消化すべきかが重要問題になる。つまり氷山の一角を見て、海面下にかくれている大部分を判定するにはどうすればよいか、ということである。（中略）この問題に関する私見としては、情報を入手した都度、その情報についての意見というか、評価というか、とにかくいろいろ違った角度からする情報の検討をやることが大切だ、と思う。そのように情報を絶えず分析検討しておくと、次に第二、第三の断片情報が入った場合、最初に行った幾つかの検討の範囲がだんだん狭められて問題の焦点がはっきりしてくるからである。

対ソ情報活動に関する林の内省は、現在のインテリジェンス活動にとっても教訓となりうる。すなわち決定的情報を入手できない状況にあっては、公開情報の中に埋もれている断片情報に頼るしかなく、まずは入手したピースの断片を根気よく組み上げていくしかないのである。そして情報が入ってくれば、すでにある程度組んだ情報のパズルとつき合わせ、整合性を確かめる。またピースの大きな重要情報が入ってくればパズルは早く組み上がるが、それはまず期待できない、ということであろう。甲谷も対ソ情報活動において根気良く断片資料を収集することを説いている[109]。

（4）中国大陸における情報活動

中国においては、参謀本部が派遣した中国公使館付武官（一九三五年以降は大使館）、そして中国の主要都市に置かれた駐在武官によって情報が収集されていた。明治から大正末までに、上海、済南、南京、福州、広東、漢口に駐在武官が置かれている。

　これらのポストには「支那通」と呼ばれる中国専門家が就き、中国大陸での情報収集に努めていた。戸部良一に拠れば、一般に支那通といっても彼らは、「満蒙通」、「山西通」、「広東通」と特定の地域に強く、個々の地方軍閥に関する情報収集は詳細をきわめていたと言う[110]。そして中国側も日本の外交官より実権を有する軍人に進んで情報を提供していたことから、「支那通」による情報収集は評価できる。これら支那通は、日本が中国大陸に介入すればするほどその重要性を増し、「満州のロレンス」土肥原賢二大将、満州事変を画策した板垣征四郎大将、張作霖爆殺の河本大作大佐、汪兆銘政権樹立の立役者、影佐禎昭大佐ら有名な支那通が登場してくるわけである[111]。

　ただし戸部も指摘しているように、支那通によるインテリジェンスの欠点は、彼らの情報が特定地域に偏りすぎ、かつ詳細な情報でありすぎたため、大局から中国の情勢を掴むことのできる人間が少なかったということである[112]。例えるなら、パズルの詳細なピースはたくさん集まったが、それらを組み立てて一枚の絵にできる支那通がいなかったということであろう。しかしそれは現地の支那通ではなく、本来、参謀本部第二部支那課が行うべき仕事であった。

一九三七年の日中戦争勃発以降、中国大陸における陸軍の活動は、重慶政府の抗戦力を削ぐために、謀略や工作に重点が置かれた[113]。そのために中国大陸には多くの特務機関が活動しており、その主なものでも、梅機関、松機関、桜機関、竹機関、藤機関、土肥原機関などが存在していた[114]。これら特務機関の基本的な役割は、正規軍が戦闘に専念できるように、後方での政治工作、情報収集、治安維持、宣伝活動にあり、各特務機関は数十名の単位で構成されていた[115]。

これらの中でも特に、国際都市上海で活躍した松機関や梅機関は活発な工作を行っている。松機関は支那派遣軍の謀略主任参謀であった岡田芳政中佐が機関長で、有名な杉工作を行っている。これは中国経済を攪乱するために、陸軍登戸研究所で造られた精巧な偽札を大量に流通させるものであった。偽札といっても当時から相当な技術が必要とされたため、登戸研究所で紙幣の成分を分析し、当時日本に一台しか存在していなかったドイツ製の高速輪転印刷機「イリス」を二基輸入して、一九四一年七月には最初の偽札が出荷されている[116]。そして最終的に現地に輸送された偽造紙幣は毎月一億元から二億元にもなったという[117]。

影佐貞昭

また一九三九年五月、汪兆銘を上海に迎えるため、参謀本部の影佐禎昭大佐によって梅機関が設置されている。この梅機関は中野学校卒業生や憲兵隊を招いて上海で本格的なインテリジェンス活動を行うことになる。一九四二年以降、この梅機関は、在中米空軍に関する情報収集活動、並びに破壊工作、重慶側工作に対する防諜、軍事物資の収集なども行っていた[118]。

これら特務機関に対して、興亜院、上海租界の日本側警察、領事館、上海税関、満鉄上海事務所、三菱商事、三井物産などの上海支社、中支那振興、日本郵船、鐘紡、中華製粉といった官民の組織が情報協力を行っていたようである[119]。

その他にも、前述の小野寺が上海で設置した小野寺機関（後の上海機関）が有名である。この組織は軍部の機関としては珍しく、日本の大学から語学の専門家や現地の人間を二〇名ほど集めて中国側文書の収集、分析を行う機関であった[120]。また国際都市上海の特性を利用して、対中、ソ連、欧米にまで手を伸ばして情報活動を行う組織で、満鉄上海事務所と協力して「重慶政権抗戦力判断」や「重慶政権組織別人名表」などの作成も行っている[121]。小野寺の後を引き継いだ浦野孝次機関長は、表向き笹原と名乗って軍人であることを秘匿し、常に機関内に起居していた。その徹底ぶりは、同じ頃英秘密情報部（ＳＩＳ）上海支部長であったステップトゥとは対照的である。ステップトゥは社交的で、自らがＳＩＳの人間である事を吹聴し回っていたのであった。

一九四〇年七月、上海機関の井崎喜代太補佐官は、福原靖義と名乗り、一ヵ月間、上海、香港、広東、台北などを視察している。日本からの商社員になりすました井崎は、特に香港の英軍について念入りに観察し、その結果を当地の武官に報告している[122]。

香港では一九四一年一二月一六日に興亜機関が設置されている。この機関は参謀本部情報部の直轄であり、松機関長であった岡田芳政中佐が機関長を勤めていた。興亜機関の目的は、九龍に残った重慶政府の要人を監視し、そこから情報を集めてくるというものであった[123]。また陸軍が三井、三菱財閥などに資金を出させて設置した商社、昭和通商とも繋がっていたため、この商社を通じて阿片密売による資金調達や軍需物資の売買も行っていたようである[124]。

そして一九四二年九月には支那派遣軍直轄の上海陸軍部が発足し、上海での情報、工作活動を引き継いだ。上海陸軍部は、約二〇名の将校と一〇〇名ほどのエージェントからなる組織であり、上海において通信傍受以外の情報収集活動を行っていた。このように中国においては、北支、中支、南支、方面に分かれて各機関が情報収集や謀略を行っていたのである。

(5) 南方における情報活動

東南アジア地域では一九三五年からタイ国駐在武官を配備して、マレーシア、シンガポール方面の情報収集を強化し、インドシナ駐在武官、台湾方面軍とともに南方情報の収集に当たっていた[125]。戦前、タイは東南アジアにおける唯一の独立国であったため、日本の情報活動の拠点もバンコクに置かれることが多かった。例えば、F(藤原)機関、南機関などがそうである。そしてバンコクで情報活動の中心にあったのが、公使館付武官の田村浩大佐であった。田村は戦争に向け、反日的風潮の強かったこの地域で、地誌情報、英泰軍の配備などを調べ上げていたのである[126]。特にマレー侵攻作戦のための南部タイの通過路、マレー半島の上陸地点であるコタバル地区などに対しては綿密な調査が行われていた。

同地域における情報収集は、陸軍が対英戦争を意識し始めた一九四〇年夏以降から急速に進み始めた。参謀本部は第一部員、谷川一男中佐、国武輝人大尉らをマレー半島に送り込み、一九四一年一月から二ヵ月かけて半島を調査することになった[127]。その成果は「英領馬来情報記録」として残されている[128]。

この調査記録にはマレー半島からシンガポールに至る詳細な地誌、軍事情報が掲載されており、そこには守備隊や戦車、砲台の数、トーチカの位置が克明に記録されている[129]。例えばシンガポール市内に設置されたトーチカに対しては、「肉厚弱く砲弾に対する抗力少なし。構造上死角極めて大なり。位置暴露しあり。基礎工事確実ならず」というような記録が残されており、またシンガポール市内の詳細な守備隊配置図なども作成され、これらの情報がマレー侵攻作戦の際に利用されたのである[130]。

さらに一九四一年九月には、藤原岩市(ふじわらいわいち)少佐の下にマレー工作機関（F機関）が誕生した。F機関の目的はカバー・オペレーションによって、日本軍のマレー侵攻作戦のために英軍守備隊の七割を占めるインド兵を切り崩すことにあった。当時のタイ国内にはインド独立同盟（IIL）という秘密組織が存在しており、この組織のプリタム・シンとの協力によって、対インド工作が進められていくことになる。またF機関は当時ベルリンに滞在していたインド独立運動の指導者、チャンドラ・ボースとIILとの連絡を斡旋していた。このような浸透工作の結果、マレー侵攻作戦の際には多くのインド兵が日本側に投降することになる。

一九四二年三月、F機関は発展的解消を行い、今度はインド独立を視野に入れた岩畔機関に引き継がれることとなる。岩畔機関はシンガポールにマレー支部、ラングーンにビルマ支部、香港、サイゴンに出張所を置き、その人員は最盛期に五〇〇名を数えるほどに成長した。さらに一年後、この岩畔機関は山本敏大佐の下で、光機関と改められ、チャンドラ・ボースのドイツから日本への潜行を助け、インド独立運動を陰から支援し続けた[131]。

他方、一九四一年二月には、イギリスから中国への物資供給ルートであるビルマ・ロード遮断と、当時英領であったビルマの独立を援助する目的で、鈴木敬司(すずきけいじ)陸軍大佐の下、陸海軍合同の特務機関として南機関が発足している。フィリピンやマレーに比べると、ビルマ地域の情報収集は進んでおらず、それを危惧した海軍が陸海軍合同の機関の設置を提案したのであった[132]。このような形での特務機関は珍しい。南機関はカバーのために「南方企業調査会」という看板を掲げ、陸海軍から三〇万円（現在の貨幣価値で約二億四〇〇〇万円）の資金援助を受けていた[133]。

同機関はバンコクに本拠を置き、ビルマ民族運動のタキン・バイセンをはじめとするタキン党一派に援助を与えていた。戦争が始まるまではこれらのリーダーを一時的にタイに脱出させ、ゲリラ戦の訓練を施していたのである。そして日本軍のビルマ侵攻に合わせ、英防衛軍の後方での攪乱を行い、日本軍のラングーン侵攻を助けたのであった。

これら東南アジアにおける陸軍の情報活動を概観してみると、シンガポールにおける英軍の敗北は必然であったようにも見える。陸軍は事前にマレー半島の軍事情勢や地誌情報を調べ上げ、敵となる英軍に対しては内部分裂が起こるように工作していたのである。それに対して英軍は、日本軍の侵攻が近いと知りながらも相手のことをほとんど調べようともせず、日本陸軍を二流の軍隊と決め付けて悠然と構えていたのであるから、これではいくら極東英軍が優秀だったとしても、初めからハンデを背負って戦うようなものである。

しかし対象がアメリカとなると、対米情報そのものに対する陸軍のヒューミントは貧弱であった。陸軍は中国大陸、ソ連国境ではかなりの規模で人的情報収集活動を行っていたが、アメリカへの関心は薄く、それはむしろ海軍や外務省の領域であると考えられていた。参謀本部においては、一九二四年のワシントン条約によって、参謀本部第二部内に米班が新設され、これを米課に拡大しようという動きも見られたが、その後のソ連情報重視の下で、このような対米情報強化の動きは立ち消えになっていく[134]。

戦前の北米におけるヒューミントの中心人物は、外務省の寺崎英成（てらさきひでなり）一等書記官であり、戦中は中立国アルゼンチンにおいて同盟通信の津田正夫支局長が公開情報を積極的に集めていた。これらの情報源は主に新聞、雑誌の分析であり、特情を除けば対米情報収集活動はほとんどが公開情報であった[135]。アメリカにおける情報収集の要とされた駐在武官と言えば、ニューヨーク在住の民間企業の話を右から左に流すだけで、情報収集は二世の日系アメリカ人に任せきりであったという[136]。

結局、陸軍のヒューミント活動は中ソ一辺倒であり、太平洋戦争で主敵となるアメリカに対してはほとんど情報活動を行わなかったのである。陸軍は対米情報活動を疎かにしたことにより、敵である米軍の実態をほとんど知らないまま太平洋戦争に突入してしまう。そして戦争が始まってからもアメリカ通の少ない陸軍は、情報活動の経験のない将校やソ連情報関係者を対米情報に当てていたのである。陸軍が米英通を情報将校に補充し、陸軍大学校において情報教育を行うようになったのは、ガダルカナル島で敗北を喫した後の一九四三年であったが、そのような対応は遅すぎた感がある[137]。

総括すると、陸軍は対ソ連インテリジェンスに膨大な労力を費やしていた。そこには陸軍の通信情報、人的情報、防諜のすべてが投入されていたと言える。ただしそれに対抗するかのようにソ連の対日防諜活動も強力に推進されていたため、陸軍は相当に苦戦したようである。中国に関しては多くの支那通や特務機関からの報告、そして戦闘行動などによって部隊からの情報も多く入ってきた。

これら対ソ、対中活動に比べると、対米情報活動は低調であった。これは陸軍がもともと対米戦を戦うつもりがなく、また米英可分の方針であった陸軍はアメリカに対しては関心が薄かったためである。陸軍は太平洋戦争が始まった後もしばらくはソ連を第一の仮想敵国としていた程であった。

そのためこの分野の情報収集活動が行われるのは一九四三年以降になるが、インテリジェンス・オフィサーとは長い経験を経てその情報のセンスと技術を身に付けるものであるから、すぐには育たないものである。この点において、太平洋戦争が始まってからも陸軍は対ソ重視、対米軽視の方針を柔軟に変更することができず、その後、方針を変えてもそのような失敗を埋めることはできなかったのである。

3 防諜（カウンター・インテリジェンス）

(1) 憲兵隊

戦前、防諜活動に力を注いでいたのは陸軍であった。陸軍の憲兵隊は有名であるが、その他にも陸軍省には大臣直轄の調査部があり、秘密裏に防諜活動を行っていた。

憲兵というのは軍隊の警察である。従って憲兵の本来の任務は軍の綱紀粛正であるが、憲兵にも二種類あり、まずは日本国内で任務につくのが内地憲兵、これは陸軍大臣の指揮下にあった。一方、国外に派遣されていたのは外地憲兵と呼ばれる組織であり、これは現地司令官の隷属で、作戦任務や防諜活動にあたるのが主務であり、最も重視されたのが各派遣軍の機密保全である。

外地憲兵は特別高等警察（特高）のような思想取締りは本来の任務ではないため、治安維持法ともあまり関係がない。本章で述べていくのは主にこの外地憲兵の方である。一九四五年時点で内地の憲兵隊が一万一六八五名、外地に派遣されていた憲兵隊が二万二二〇〇名であったことから、外地憲兵に多くの人員が割かれていたことがわかる。そして外地憲兵の主力は特務機関と同じく、満州から中国大陸にかけて派遣されていた[138]。

恐らく、陸軍の特務機関がイギリスのSISのような対外インテリジェンス組織にあたり、憲兵隊がMI5のようなカウンター・インテリジェンス組織にあたると言って良いだろう。従って特務機関が情報収集の矛にあたるなら、憲兵隊は盾に相当する。憲兵隊の防諜活動なくしては特務機関も活躍できないわけである。インテリジェンス活動にとって、防諜は必要不可欠な機能である。収集し分析した情報が漏洩していないか、また組織にスパイが潜り込んでいないかを調べることは、情報組織にとって死活的な問題であり、機密法と防諜機能なくしては高度な情報収集も色あせてしまうのである。

憲兵隊の防諜活動は、国防保安法や軍機保護法によって国家機密の漏洩を防ぐことがその一義的目的であった。これらの機密法によれば、機密を漏らした者には「死刑または無期若しくは三年以上の懲役」という厳格な罰則が設けられており、有名な「ゾルゲ事件」もこの罰則を適用したものである。

陸軍は防諜に関して「防諜とは外国のわが国に対して行う諜報、または有害行為に対し国家および国軍を防護するを言う」[139]と定義しており、まさに国家機密は国防保安法、軍事機密は軍機保護法によって定義され、それらを基に任務を行うのが憲兵の役割であった[140]。

一九三三年の「対内諜報防止要綱」には憲兵隊の役割がさらに具体的に述べられている。その内容は、「時局に鑑み外国の諜報に対し国家、特に軍の機密を防護すると共にその企図を諜知し、我が国策及び作戦の遂行に資す。これが為、まず主として米、ソ、中関係の諜報勤務の状態を調査し、かつその防止に努む」[141]というものであった。

ちなみに日清戦争を契機にして一八九九年に制定された軍機保護法は、その適用対象が限られており、また罰則も罰金などの比較的軽い刑であった。そのため一九三七年に軍機保護法が改正されてようやく本格的な防諜活動が可能となる。現在の感覚からすればこのような機密法は過酷なものに映るが、当時の世界的潮流を見ればこの類の法律はそれほど特異ではない。

例えば、イギリスではすでに機密保護法（一九一一年制定、一九二〇年改正）によって、「三年以上一四年以内の懲役」が科せられることになっており、またその対象は軍事機密だけでなく政府文書などの国家機密も含むという幅広いものであり、外国人への適用も可能であった。アメリカでも一九一七年に制定された間諜取締法によって二〇年以下の懲役が定められ、ドイツも一九一四年に改正した軍事機密漏洩取締法を一九三三年の大統領令によって強化、軍事機密を漏らした者には「死刑又は終身刑又は一五年以下の懲役」としていた[142]。

このように、欧米諸国は第一次世界大戦を機にして国内の防諜法も強化していたのだが、日本は一九三七年まで旧来の軍機保護法に頼る始末であり、防諜体制の確立がかなり遅れていた。その後、軍事機密だけでなく国家機密をも視野に入れた国防保安法が施行されるのは、一九四一年五月になってからのことである。

当時、防諜活動に関しては、消極防諜と積極防諜という考えがあり、前者は純粋な防諜活動、後者はエージェントなどを駆使して積極的なインテリジェンス活動を展開しようというものである。大陸に派遣されていた外地憲兵隊などは、積極防諜の方を重視していた[143]。

憲兵隊の情報収集手段は、①諜者（スパイやエージェント）、②監視活動、③文書の入手、④郵便検閲、⑤逮捕者、捕虜、⑥無線探知機による電波源の特定、⑦一般民衆からの聞き込み、⑧憲兵隊員による内偵調査、などがあった[144]。憲兵隊の目的は防諜と情報収集であるため、情報の分析にはあまり労力が割かれず、集めた生情報はそのまま上へ報告することが多かった。憲兵隊のテキストには、「収集した情報は入手経路を明らかにした上で迅速に関係諸機関に報告」と記述されている[145]。

当時、満州に派遣されていた関東憲兵隊にとっての最重要任務は、前述の関東軍情報部と同じくソ連の情報活動を阻止することであった。その最も端的なものが満州、ソ連国境からのソ連側エージェントの流入を水際で食い止めることであり、ソ連NKVDの国境防衛と同じく、憲兵隊もこの守りを固めることには余念がなかった。例えば旅券に押される判子には、文字のある部分に細かい切れ目を入れておいて偽造判を見きわめるとか、また入国審査を行う審査官は時間によって押す判子の角度を微妙にずらしていたため、正式な旅券は入国時間によって判子の位置が異なっていたのである。

このような些細な工作でも偽造旅券を見抜く上では有効であり、一九四〇年の偽造旅券による摘発件数は年間二〇〇件を超えている[146]。また奉天市などでは夜な夜な飛び交う電波源を特定するために、電力会社と協力して街のブロックごとの供給電力を遮断して、電波の発信源などを特定するようなことも行っていた[147]。

チチハルでは一九四〇年九月、憲兵隊が日本軍将校に扮したソ連側スパイ、王元（おうげん）を捕らえている。ソ連側はノモンハン事件の際に鹵獲した日本軍の制服、装備を使ってこの種のスパイを送り込んでいたようである。チチハルにおいて王は日本陸軍の制服に中尉の階級章を付けて行動していたが、軍刀の鞘が日本軍の純正品ではなかったり、将校と兵卒の装備の混同といったディテールの違いにより、憲兵隊から目をつけられ、会話をしてみると言葉に違和感があったことからスパイであることが発覚している[148]。

また憲兵隊は発見したスパイを逮捕することなく、泳がすことで情報を集めようともしていた。容疑者は甲、乙、丙の三ランクに分類され、常時八〇〇名もの人名を掲載したブラックリストが作成されていた。そしてスパイを逮捕する場合も逮捕後日本側に寝返らせ、逆スパイとして再びソ連に返されることが多かったが、そのほとんどはソ連のＮＫＶＤに捕えられた。新京憲兵隊で防諜班長を務めていた工藤胖少尉は、その著書『諜報憲兵』の中で自らが説得し、ソ連へ派遣したエージェントについて詳しく記述している。工藤が利用したのは元々ソ連側のスパイとして働いていた中国人であり、そのような中国人を捕まえては二重スパイとして再利用して、彼の工作はかなりの確率で成功している。

工藤の成功の要因はソ連側のスパイを捕らえ、徹底的に教育したことであった。例えば、ＮＫＶＤなどに身元や思想を取り調べられる際にも、向こうの手口に引っかかって本当のことを話してしまわないように、事前の周到な教育が行われた。ソ連側の防諜組織などは大抵、スパイ容疑者を何ヵ月にもわたって拘束し、その間に国外からやってきた人間を徹底的に調べる。まずはソ連にやって来るまでの活動を根掘り葉掘り聞き出し、内容に矛盾がないか何度も調べ、時には暴力やハニートラップによって本当のことを聞き出そうとする。このようなソ連側の手口を詳細に知らなければ、すぐに身分がばれてしまうのである

その他の訓練として、列車の中からソ連国内の鉄橋の長さを測るというものがあった。これはまず、耳で何回レールの継ぎ目を通過したのかを数える。シベリア鉄道などのレールは一本二〇メートルとわかっていたから、これにレールの本数をかけて鉄橋の長さを割り出すというものであった。ま

た駅に着けば窓から人員の数や物資の量、対向車が来ればその種類や車両数、運行の間隔、星や自然から方角を知り、列車がどちらに向かって走っているのかを判断する、などの訓練が行われた。

こうして、工藤の送り込んだエージェントたちはソ連側で信用され、訓練を受けた後に再びソ連側のスパイとして満州に派遣される。そして工藤たちは満州に戻ってきたスパイ達から情報を得るのである。このような工藤による積極的防諜活動の結果、関東軍の軍事作戦に関する機密がソ連側に筒抜けとなっていたことが判明することになり、関東軍の防諜の甘さが露呈してしまうのであった。

また憲兵隊が積極諜報の一環として行っていたのが、各国大使館、領事館に潜入しての書類、特に暗号書の入手であった。アメリカのブラウン・コード解読に際して憲兵の入手した暗号書が有益であったことは既述したが、その他にも多くの例がある。

例えば一九三九年春、米英との緊張関係に直面した参謀本部は、守りが薄そうであるという理由から、台湾憲兵隊隊長、酒井周吉（さかいしゅうきち）大佐に台湾の英国領事館に保管されている暗号書を入手するよう指令を出した。当時の英国領事館は台北市外の淡水街にあったため、この工作は淡水公館工作と命名され、台北の憲兵分隊がその工作に取り掛かることとなった。

まずは領事館への侵入が問題であったが、これは領事館で働いていた日本人スタッフが宿直を兼ねていたためこの問題は解決された。さらなる問題は暗号書の眠る金庫の開扉である。まずは数ヵ月かけて金庫のダイアルの組み合わせを探り、さらに金庫を開けるための合鍵を作るという地味な作業が続けられ、その間にも他の部隊は領事館への手紙をすべて開封し、本国からの指令や領事が工作に気づいた様子がないか逐一チェックしていた。こうして半年かけて金庫は開けられ、中に収められていた暗号書は写真撮影の後、また元に戻された。そして入手された暗号書のコピーは、早速台北市南部の昭和通信所（台湾で通信傍受を行っていた参謀本部特情班の支部）に届けられ、同領事館を出入りする暗号通信は解読されることになった。

その後一九四一年に入ると、同領事館が暗号書と金庫のダイアルを変更したために、昭和通信所は一時的に暗号を解読できなくなったが、またもや憲兵隊の工作班が領事室の書庫に侵入、物陰から領事のダイアル操作を観察し、領事の退出を見計らって金庫から暗号書を奪取するというかなり際どい工作も行われた。その際、書庫に潜んでいた工作員は酸素欠乏症になるというハプニングにも見舞われている[149]。

また北京憲兵隊も北京のソ連大使館に侵入しては文書を集めていたようである。この工作についての詳細は判明しないが、その時に収集された文書が残っており、例えばソ連の情報関係資料から、当時中国の地方軍閥であった馮玉祥（ひょうぎょくしょう）とソ連との繋がりや、北京におけるソ連側の工作資金の使用用途などが明らかになっている[150]。馮に関してはイギリスのＳＩＳ上海支部も察知していた。これはイギリスの通信傍受機関、ＧＣ＆ＣＳがソ連大使館とモスクワの間の外交通信を傍受、解読したことによる情報であった[151]。これらの情報はソ連の中国への浸透を示す証拠となっていたのである。

憲兵隊は日本国内でも防諜活動を行っており、有名なスパイ検挙の例としては一九四〇年七月に英国人ジェームズ・コックス、ロイター通信東京支局長を検挙した件であろう。

事の発端は、一九三六年二月、二・二六事件にともなう戒厳令によって憲兵は一斉の通信検閲を実施しており、その中に帝国ホテル内の郵便局より投函された外国向けの書簡が発見された。書簡の中身は軍事機密に属する戦艦「長門」改装についての詳細な情報であり、差出人には「ジミー」とだけ書かれていた。海軍首脳部はこの機密漏洩に衝撃を受けたが、海軍は防諜組織を有していなかったため、憲兵隊にこの漏洩事件の調査を依頼した。

そして四年余りの調査の結果、容疑者としてコックスの名前が浮かんだ。憲兵隊がコックスに目を付けたのは以下の理由からである。①コックスの情報収集場所は帝国ホテルである、②つねに帝国ホテルの郵便局を利用している、③家庭でのコックスの愛称が「ジミー」である、④筆跡が似ている、⑤機密が封されていたのと同じような封筒を用いている[152]。

ちょうどその頃、それまであまり機能してこなかった軍機保護法の改正と戦時の防諜法を成立させる案が陸軍省兵務局で行われていた。そして既述したように外国人や民間人をも視野に収めた改正軍機保護法が一九三七年に制定されたのである[153]。

このような法改正と同時進行でコックスの内定は進められつつあり、一九四〇年七月、兵務局は軍内部の士気高揚を図る上で、憲兵隊に対して外国人容疑者の一斉検挙を行うよう指令した。しかしアメリカ人の検挙は松岡洋右（まつおかようすけ）外相からの反対によって自粛され、ソ連側スパイは探知できず、その結果、イギリス人のコックスが選ばれたのであった。コックスに対しては改正軍機保護法が適用されたが、この事件をきっかけに国家機密に関する法律の議論も進み、一九四一年五月施行の国防保安法に結びつくこととなる[154]。

こうして憲兵隊は、コックスがロバート・クレイギー駐日英大使に宛てた機密書類を押さえてコックスを逮捕した。しかし逮捕されてから三日め、コックスは東京憲兵隊本部四階の取調室から投身自殺を図り、そのまま息を引き取ってしまう。このコックス自殺にまつわる諸説はいろいろと推察されているが、『日本憲兵正史』によると、コックスはクレイギー大使に累が及ぶことを恐れて自殺を図ったとある。一方、この件を調査していた英外務省のパトリック・ディーンは、コックスが別の場所で殺害されていたことを示唆している[155]。しかし英外務省のファイルにはコックス夫人に対して五〇〇〇ポンド（現在の貨幣価値で一億円以上）もの金額を払う用意があると記録されており[156]、これが口止め料であった可能性も否定できない。

日本におけるコックスの前任者であり、その後イギリスの暗号解読組織であるＧＣ＆ＣＳのオフィサーとなったマルコム・ケネディーは以下のように述べている。

　コックス達の有罪無罪にかかわらず、日本がイギリスと事を構えると決心していれば、情報を流す可能性のあるイギリス人を先制的に抑えようとするのは想定内のことであろう。[157]

前任者のケネディーが情報関係者であったことから、その後継者であるコックスもそうであった可能性はかなり高いと言える。いずれにしてもこの事件において憲兵隊はコックスから貴重な情報を引き出すことはできなかったが、軍機保護法と国防保安法はその後のゾルゲ事件に適用されることになった。

(2) 陸軍省調査部

陸軍は憲兵隊とは別の形でも防諜活動を行っていた。この組織は陸軍省調査部として知られている。久保宗治（くぼむねはる）元陸軍少将の回想によると、一九三六年八月、陸軍省は兵務局に防諜業務を委ねることで組織的な防諜活動を開始した[158]。また科学課報専門機関として警務連絡班も立ち上げられた。ちょうど同時期、同じ兵務局では岩畔や秋草が中野学校の準備組織を立ち上げており、やはりこの時期は陸軍のインテリジェンス組織改編にあたっていたと考えられる。三年後、この防諜組織は陸軍省調査部として陸軍大臣直轄の組織となるのである。兵務局防衛課員であった大森三彦大佐の供述によると、東条英機陸軍大臣は、三国直福調査部長から毎週のブリーフィングを受けていたようである[159]。

一方、警務連絡班は兵務局兵務課長の指揮の下で、軍機保護法による軍事極秘機関に指定されて活動することになった。その任務は通信情報の研究や、防諜用の資料収集などであったが、一九三九年八月には軍事資料部に改編されている。さらに一年後、軍事資料部は調査部と合体し、人員約五〇名、年間の機密費要求額は一〇〇万円（現在の貨幣価値で約八億円）の組織に拡大している。

調査部の調査対象は主に在日外国人であり、また開戦前には日本の開戦意図の秘匿に全力を注いでいた。調査部の部員はもちろん身分を秘匿して調査を行うことが出来たが、逮捕権などは与えられず、調査に徹底した。もし実力行使が必要な場合は兵務局を通じて憲兵隊に依頼されたのである。調査部の任務はあくまでも防諜のための資料収集や調査であり、憲兵や中野学校での教育支援の役割も期待されていた。

しかしこの調査部は実質的なオペレーションも担当していたのである。オペレーションの分野ではヒューミント担当の行動班、シギント担当の科学班があり、行動班は主に尾行や潜入工作などの任務（横浜では洗濯屋を開業）、科学班は怪電波の探知や電話の盗聴などであったが、同じような任務を行っていた憲兵隊とはそりが合わなかった。かの有名な「ゾルゲ事件」の発端もこの無線探知の成果であるが、最終的にゾルゲを逮捕したのは特高警察であった。

また戦争中、吉田茂を監視していたのもこの調査部である。調査部は国内の政治情報を収集するために政治家の電話を盗聴し、新聞記者を装ってのインタビューなどからも情報を収集していた。また調査部の下には「山」と呼ばれるオペレーション専門の組織が設置されていたと言われている[160]。宇都宮直賢（うつのみやなおかた）元陸軍少将はこの組織について以下のような回想を残している。

　私は防諜班長のポストに一九三七年一二月から一九三九年三月まで在職した。初代班長秋草中佐と交代してから僅々一年四か月ほどの勤務だったが、いろいろ厄介な防諜問題と取り組み充実した毎日だった。

　この防諜機関の存在は省部内でも一部の関係者以外には極秘とされ、私たちは『山』という隠語を使用していた。防諜班は対ソ諜報の権威者と目された秋草中佐と彼を補佐した共産党問題研究者として省部その他で高く評価されていた福本亀治憲兵少佐以下一〇数名の各兵科将校、憲兵下士官の下に一九三七年春に設立されたものだった（以下略）。

　防諜班の仕事は、国際電信電話の秘密点検、外国公館その他の信書点検や電話の盗聴、私設秘書無線局の探知等が主で、併せて情報の収集に当たった。国際電話の送受信内容は、毎日逓信省から防諜班に送られてきたし、国際電話や外国公館及びその他の関係者と外部との電話による通話は牛込電話局に集約され、そこから防諜班の秘密回線に連接されてレコーディングされることになっていた。

　外国公館からその本国へ送られる信書は一応中央郵便局に集められた上、その一部は防諜班へ届けられ、開封の上内容を写真撮影した後、二時間後に中央郵便局へ返送した。外国公館等のスタッフが長途汽車旅行等をする時は、列車の小荷物室で手早く検査をする作業なども行った。私設無線局の探査に当たっては方向探知機を利用したが、その当時は未だ器具の性能が良くなくて、十分な成果は残念ながらあげられなかった。
一九三八年五月、国際スパイ・ゾルゲが麻布でオートバイを石垣にぶつけて人事不省になった時、憲兵隊や特高でも日独防共協定のことが頭にあったこともあり、ついついゾルゲの身体検査もやらずに病院に送り届け悔いを残す結果となった。当時ドイツ国籍の者には過度の遠慮や親近感を示していたことは否めなかった。その頃、ゾルゲの一味で秘密無線の発信を担当したクラウゼンの無線通信活動は、私が防諜班長をしている間とうとう摘発されなかった。[161]
調査部に関してはほとんど史料が残されていないが、斎藤充功の調査によると、調査部は陸軍登戸研究所、中野学校、ヤマ機関、憲兵隊らと密接な関係を持っており、これら秘密機関のハブ的組織ではなかったかと考えられるのである。

第三章
海軍の情報収集

海軍の情報組織は一九〇九年以来、一貫してアメリカを情報収集のターゲットとしてきたため、通信情報や人的情報の資源はほとんどそこに投入されていた。しかし太平洋戦争が始まるまで情報部の対米情報機構は平時の編制であり、真珠湾攻撃まで対米情報を掌る軍令部第三部五課の人員は一〇名を超えることはなかったのである[1]。この人数は、陸軍の対ソ情報機構と比べても遥かに貧弱な陣容であったと言えよう。

ただし海軍はアメリカ本土には一八名の士官を送り込んでおり、またそれら士官のアシスタントなども加えると、在米武官室は三〇名もの大所帯であった。海軍はこれらの人員で現地の情報収集に当たっていたのである。

また海軍情報部も通信情報を専門にした特種情報部を有しており、陸軍ほどの能力を持つことは出来なかったが、それでも米英の外交暗号の一部を解読していたのである。

1　通信情報

X機関の設立

海軍が通信情報に目をつけたのは陸軍よりも古く、日露戦争の最中のことであった。海軍暗号解読活動の中心人物の一人であった和智恒蔵（わちつねぞう）元大佐の記録に拠れば、ロシアのウラジオ艦隊「ロシア」、「クロンボイ」二隻が東京湾口外に出現した際、木村技師が静岡県焼津の地蔵山上にあった海軍無線電信所からウラジオ艦隊の発信電波を傍受、その行動を逐一大本営に報告していたことにより、通信傍受の重要性が認識されたのである[2]。

そして一九二九年に軍令部第二班(情報)に四課別室が新設されたことにより、多摩川畔、橘村の通信傍受所で、中杉久治郎中佐以下七名による組織的暗号解読活動が始まった[3]。そのターゲットはアメリカ(A)とイギリス(B)であった。同じ頃、イギリスの通信情報部(GC&CS)は数百名もの人員を擁しており、これに比べると海軍の通信情報活動は微々たるものであった。前述したように、この時期、陸軍との共同作業によってアメリカの外交暗号、グレー・コード(AF2)、米海軍の二字換字暗号(AN2)の解読に成功しているが[4]、その人員の少なさから対英活動には着手されなかった。これはイギリスの方が難解な外交暗号を使っていたものと推察される。

防衛研究所史料室には海軍が一九三二年一月二九日から九月二七日の八ヵ月の間に傍受、解読した米外交通信の特情記録が残されているが、この記録によると、海軍は八ヵ月の間に約五〇〇通もの米外交通信を解読していた。さらに海軍は米艦艇の動きを電波傍受で監視していたため、当時海軍が集めていた通信情報はアメリカに限定しても膨大な量になっていたのである[5]。

一九三二年には四課別室に和智が赴任し、さらに上海にも通称「X機関」と呼ばれる対中国通信傍受組織が設立されている。ただし海軍も通信情報組織を拡充させるためには何らかの実績が必要であり、その契機となったのが、同年春の第一次上海事変であった。

この時、四課別室は上海の米領事館から国務省に打たれる暗号を解読しており、その中で「南京政府は空軍に対し日本軍爆撃を命令」という一文を入手していた[6]。四課ではこの情報の真意を測りかねていたが、ちょうどX機関主任山田(やまだ)達也(たつや)大尉も中国側の暗号通信から中国の航空戦力が杭州に集結しつつある情報を摑んだため、二月二六日早朝、海軍航空部隊は杭州飛行場を急襲し、そこに集結していた中国軍の航空戦力を壊滅させたのであった。この作戦に関し軍令部は以下のように記録している。

本空襲はよく好機に投じて決行され、（中略）この一撃は第一九路軍の士気にも至大の影響を与えた。[7]

まさにこの日本側の攻撃は、中国側が杭州に航空機を移動させた時を狙った「好機」であり、この戦闘によって日本側は上海周辺の制空権を握る事になるのである。この成果により、X機関の山田大尉は功五級金鵄勲章を授与され、また同年一〇月、四課別室は四班第一〇課に拡充された。この時、課長は中杉久治郎大佐、課員として柿本権一郎（かきもとごんいちろう）中佐が加わっている。そして一九三三年には上海X機関に今泉大尉が派遣され、北京、広東にもそれぞれ「Y機関」、「Z機関」が設置されたのであった[8]。

一九三四年、和智は民間人として上海に赴任し、X機関内に新設されたB作業班（英国担当）を指揮することになった。これは上海周辺における日中の衝突に対し、イギリスがどのような対日政策を打ち出すか調べるためのものであったが、対英暗号解読作業は遅々として進んでいなかった。そこで和智は現地上海の特務機関と協力して英領事館に侵入、暗号書を盗撮する予定であったが、これに失敗する[9]。

同じころ、軍令部は、警備の手薄な札幌の英領事館を狙って暗号書を盗み出すことになった。同年一一月、領事館の日本人タイピストが、領事の隙をついて窓から暗号書を放り出すという離れ業を行い、上手く暗号書を盗み出す事に成功したようである[10]。この暗号書によって、上海X機関はイギリスの省庁間暗号（海軍でBF5と呼称）を解読する事に成功した。このような解読作業によって、英極東艦隊司令長官が中国軍を英船で輸送する事に賛同していたことなど[11]、英極東艦隊と中国側の紐帯が明らかにされている。しかしイギリス側は一九三五年に暗号を変更してしまったため、再び解読が困難となった。

一九三六年には橘村受信所に加え、通信傍受に特化した大和田受信所が設置されており、翌年の盧溝橋事件の際にはこの大和田通信所でも北京の米海軍武官補佐官からワシントン宛ての通信を傍受、解読していた。七月一〇日に解読されたその情報は、中国側の士官が現地協定に満足せず、日本側に攻撃を仕掛けるというものであった[12]。

大和田通信所が設置されて以降、海軍の通信情報活動は徐々に進展する。その対象は米英中にソ連も加わっていた。具体的な目標としては、アメリカの場合、米アジア艦隊や太平洋艦隊の旗艦から本国への通信、ホノルル、サンフランシスコ、ワシントンの間の電波が傍受された。イギリスの場合も英支那派遣艦隊、香港、シンガポール、コロンボ、カルカッタから本国への通信が傍受され、ソ連の場合は極東のハバロフスクやウラジオストクからモスクワへの通信が傍受されていた[13]。

またアメリカに関しては既述した通りであるが、一九三八年にはアメリカのブラウン・コードを解読し、日中戦争に対する米国務省の思惑を知る立場にあった。しかし海軍は陸軍が解読に成功したストリップ暗号については解読できず、また解読方法を陸軍から伝えられずにいたのである。太平洋戦争中にはストリップ暗号解読のために、軍令部の中に特別研究室が設けられ、伊藤安之進少将、中杉久治郎少将以下、語学、数学の堪能な学生二〇名を動員して、ストリップ暗号の解読に精力が注がれたが、とうとう解読までには至らなかった[14]。結局、海軍は一九四五年になるまで陸軍がストリップ暗号を解読している事実すら知らないままであった[15]。

ところで陸軍と異なり、初めから対米英戦を意識していた海軍は、米太平洋艦隊が一九三七年のハワイ演習以降もハワイに留まることを知り、対米準戦態勢を取ってハワイ方面にシギントの重点を置くことになった。また米特情により、中国に派遣されている米国務省のスタッフから国務省に報告されている内容が、徐々に反日的なものとなってきていることが明らかになり、その都度、海軍は陸軍や外務省などと協議を行っている[16]。

一九三七年一二月に米艦船、パネー号が日本軍の誤爆によって撃沈されるという事件が起こっているが、この時は特情によって海軍はアメリカ側の激高を知り、これに対して詳細な状況説明を用意してアメリカとの外交交渉に臨んだために、事なきを得ている。

一九四〇年以降は和智がハワイ方面の電波傍受の指揮を取り、米太平洋艦隊の動静を探っていた。また和智は同年一一月、メキシコ公使館付武官補佐として、メキシコに「L機関」を設置し、傍受員四名とともにメキシコから大西洋方面の米艦隊を監視することになった[17]。

イギリスの通信に関しては、恒常的に暗号を解読していたというわけではないが、ある解読文の中で、香港に設置されたイギリスの通信情報部の支部である極東合同局（FECB）が、日本海軍の暗号を発信から二四時間以内に解いていたことが明らかになり、そのことを知った海軍通信の専門家、鮫島素直中佐は「英国諜報機関のもの凄さを思い知らされた次第である」といった感想を残している[18]。

方位測定の活用

元来、海軍内でシギント機関は、インテリジェンスと言うよりはむしろ「通信」の分野で捉えられていたことから、軍令部内でそれほど重視されていたわけではない。そのためシギント班には人員、予算が割かれることはなく、細々と作業をこなすのが現状であった。また海軍の通信情報は暗号解読よりも、方位測定などの通信傍受活動に重点がおかれていた。

しかしアメリカとの対立が増すにつれ、通信情報の「インテリジェンス」の側面（敵方の暗号解読と味方側の通信保全）が注目され、一九四〇年一一月に、海軍軍令部第三部の下にあったシギント組織は、軍令部総長直属の機関、軍令部特務班（「班」ではあるが「部」に準ずるとされた）として独立、柿本権一郎大佐が指揮を執ることになった。この特務班の任務は、作戦情報上の要求に基づき、通信情報実施計画を樹立、その実施を指導統制し、通信情報の総合発布、通報を実施、また通信情報傍受要員の養成、教育訓練を行い、通信情報資料を収集、編纂、発布することを任務としていた。そして改編された組織には、作戦通信諜報班と外交通信諜報班、暗号研究班の三班が設置され、そのうち作戦通信諜報に比重が置かれることとなった[19]。また四〇年の組織改編の折に、新たに対独（G）、対仏（F）作業班が設置されている。

この特務班の任務については、「昭和十六年度帝国戦時通信計画」の中で、「対米英通信諜報を主目標とし、対ソ支通信諜報を副目標とする。通信諜報作業の主目的を戦術的情報資料の獲得に置く」と定められている[20]。

さらに相手の暗号が解読できない場合を考慮し、相手の通信の量や頻度、通信の方向など断片的なデータから戦略、戦術情報を導き出す研究も進められた。一九四一年二月には上海X機関の支部としてバンコクに対英班が、九月には特務班内にオランダ班が設立され、米英通信の傍受は電波の取りやすさから台湾の高雄通信隊新庄分遣隊に主力が置かれた[21]。

この高雄支部、上海X機関、メキシコL機関、そして大和田通信所では、真珠湾攻撃を受けた米海軍が発した通信、「真珠湾への攻撃あり。これは訓練ではない」を同時に傍受している[22]。

また海軍はソ連の暗号も一部解読していたようであり、一九三九年五月にノモンハン事件が勃発すると、海軍は陸軍とは別に、新潟、鳥取、朝鮮半島に対ソ専門の通信傍受施設を設置し、ソ連の通信を傍受していた[23]。一九四三年一二月には駐米ソ連海軍武官の通信を解読した結果、米艦隊の動静についての情報を得ている[24]。一九四四年の軍令部の情報記録には、駐豪ソ連大使からソ連外務人民委員に宛てた外交電報が散見されるが、これは恐らく陸軍が「哈特諜」と呼称していたものであると推察される[25]。

海軍シギント活動の特徴としては、暗号解読よりも、方位測定などの通信分析から、米艦隊の所在や規模を割り出す戦術的な通信情報利用に重点が置かれていた。その中でも特に重要視されたのが、連合国商船放送（ＢＡＭＳ）であり、これは商船の運航量と米軍の作戦が連動していることに目をつけ、米軍の作戦開始時期を予測する方策であった[26]。米海軍の場合、新たな作戦を実行する約一ヵ月前からＢＡＭＳが急増し、その電信の発信源などを特定することによって、作戦の行動方面を推測することができた。これによって米軍のマーシャル作戦、硫黄島作戦などの大よその開始時期が特定されている[27]。

従って海軍の場合、暗号解読に加えて、ＢＡＭＳに表れるような呼出符号、通信量、方位測定など総合的な通信情報の検討が行われていたため、暗号解読が進まなくともある程度、連合国の作戦意図を読み解くことができたといえる。例えば日本海軍は米軍のレイテ上陸作戦に先立って警戒行動を実施したが、英情報部はこの日本海軍の行動が通信解析によるものと結論づけている[28]。

一九四三年時点で海軍特務班の人員は百数十名であったが、これは陸軍特情部の三〇〇〇名に比べると半分以下の規模であり、海軍の通信情報支部は陸軍に比べると格段に少なかった。また海軍は通信情報要員の育成にも遅れ、一九四五年にようやく組織的な教育が始められたが、そのような対応は遅きに失したと言えよう[29]。

戦間期から太平洋戦争にかけて、海軍の暗号解読はあまり振るわなかった上に、ワシントン軍縮会議やミッドウェイ、山本長官撃墜事件など決定的な局面で暗号を解読されることもあったため、海軍の通信情報活動は低調であったように見えるが、他方、戦前に海軍が米英の外交暗号を解読し、戦争中も方位測定などから米軍の進路を予測していたことも事実なのである。

2　人的情報

軍令部特務部

ヒューミントの分野においても、海軍は陸軍ほど目立った活動を行っていない。戦前、軍令部通信部に勤務していた中島親孝(なかじまちかたか)元中佐は、「海軍では諜報活動に対して極めて慎重であり、むしろ否定的であった」[30]と述懐しているが、軍令部第三部も特務部という組織を有しており、これは陸軍の特務機関にあたる。特務部は謀略・工作活動などには手を染めず、情報収集活動に徹していたようで、それゆえに戦後も特務部に関してはあまり知られることはなかったようである。陸軍と比べてもその規模は控えめであり、一九四一年の年間機密費は三〇〇〇万円程度（現在の貨幣価値で約二四〇億円）であった[31]。

戦後日本の情報活動を調査していた米ＭＩＳの史料によると、特務部は一九二九年に上海、北京の海軍駐在武官の下で活動を開始し、そこから中国全土、南方域へ広がっていったと記されている[32]。また米ＯＳＳ（戦略局、ＣＩＡの前身）の調査資料によると、特務部は中国沿岸の青島、上海、広東、シンガポール、スラバヤ、ラバウルなどに支部を設け、そこで情報収集活動を行っていた。また南シナ海では漁船員に扮した特務部の要員が情報収集活動を行っていたようである[33]。この漁船による情報収集活動は英情報部の記録にも残されており、ベンガル湾のアンダマン、ニコバル諸島近海で情報収集活動を行う日本の漁船についての記録が残されている[34]。

この特務部についてまとまった記録を残しているのは、北支、南支特務部に所属していた小柴直貞（こしばなおさだ）元大佐である。小柴は海軍では珍しい支那通であり、その任務は中国大陸、特に上海からバンコク一帯における情報収集活動であった。

小柴は当初、上海陸戦隊、そして上海武官室で勤務している。上海時代は中国軍の通信傍受によるシギント、また自らが集めるヒューミントによって、小柴のもたらす情報は軍令部で「Ｋ情報」と呼称されていた[35]。この「Ｋ情報」は中国空軍の動静に詳細であったという。また当時、上海では海軍が設置した商社、萬和公司が軍需物資の調達や情報収集を行っていた[36]。

その後、小柴は軍令部特情班での中国外交暗号の解読、海軍大学校での中国語の修練を経て、広東根拠地隊参謀、そして一九三八年には白石万隆（しらいしかずたか）大佐率いる北支海軍特務部員として任務に就いていた[37]。

同年、小柴は北支特務部から南支特務部に移り、香港で情報収集活動を行うことになる。海軍の場合はこの地域に支部のようなものを有しておらず、小柴は単身で香港に乗り込むこととなった。小柴の目的はイギリスから中国への物資補給路である援蔣ルートを探り出すことであり、三井、三菱など現地の日系民間企業の協力を得てこれらの活動に従事していたのである。

一九四一年五月、小柴は中国南部の都市、汕頭(スワトウ)において援蔣ルートの調査、また現地華僑とのコネクションを築き、華僑からの送金ルートを探り当てる任務に従事していた。さらにこの任務を続けるべく、一〇月にはバンコクへ移動。その時、伊藤整一(いとうせいいち)軍令部次長から工作資金として二〇〇〇ドル(現在の貨幣価値でおよそ六五〇万円ほど)を直接手渡されたそうである[38]。小柴が赴任した時もタイ国内に海軍の情報網はほとんど築かれておらず、また現地の海軍スタッフは武官を含め五名というありさまであったので、上海からスタッフを回してもらって情報活動をすることになった。すでに述べたように、同時期、同地域では陸軍の特務機関による情報活動が盛んであり、海軍も陸軍の南機関に協力していたはずなのだが、小柴の回想には陸軍との情報協力に関する記述は見られない。

小柴の主な情報活動は、現地の華僑コミュニティーとタイ政府への浸透工作であり、華僑へのコネクション作りはそれなりに成功したようである。バンコクではイギリス情報部も盛んに活動しており、もし日英間で武力衝突が生じた場合、タイがどちらにつくのか、もしくは中立を保つのかが議論されていた。

特に日本が南部仏印進駐を果たした八月以降、日英間の争点はタイの帰趨であった。首相のピブンは親日派であったが、ディレーク外相をはじめとする保守派は親英派であり、日本側の工作によってタイは親日に傾きつつあった。このような状況下で小柴はタイが果たして日本側につくのかどうかを調査しており、小柴の分析は戦争が始まればタイは中立を守るというものであった。ちなみにイギリスは通信情報によってバンコクと東京の間の通信を傍受、解読していたため、このような日本側の工作は筒抜けとなっていたのである。

そして太平洋戦争が始まると、小柴も南に向かい、プーケットやペナンで現地の華僑に対する工作を続けた。一九四二年一〇月には現地華僑からの協力を得て、シンガポールに「南泰公司」を設立しこれを海軍の特務活動の拠点とした[39]。小柴の記録はここで途切れているが、海軍特務部の活動の一端をうかがい知ることができ、興味深いものである。

日本海軍に雇われたイギリス人たち

このように海軍のヒューミント活動についてはあまりまとまった記録が残されていないが、二〇〇〇年以降に英政府が公開したMI5関連史料の中に、日本海軍による情報活動の足跡が残されている。ちょうど陸軍がソ連の防諜機関、NKVDと情報戦を繰り広げている時期に、海軍は英MI5との知恵比べをしていたわけである。

軍令部の場合は、主にイギリス人をエージェントとして雇って、情報収集の任にあたらせていた。しかしイギリスはすでにMI5という優れた防諜組織を有しており、日本海軍の活動はある程度までイギリスに把握されていた。英MI5がソ連のNKVDと異なっていたのは、MI5はエージェントを見つけても迅速に拘束せず、ぎりぎりまで泳がせてその動向を探る手法を採っていた点であった。この方がより多くの情報が得られるからである。従って海軍が行ったヒューミント活動は、逆に手の内を相手に暴露していた可能性が高いと考えられる。

例えば豊田貞次郎中佐は、在英武官であった一九二三〜二七年の間に、ウィリアム・フォームズ＝センピル英海軍大佐、コリン・メイヤーズ英海軍少佐といった元海軍士官から機密情報を提供されている。センピルは当時、まだ誕生したばかりの航空母艦の専門家であり、空母「アーガス」での搭乗経験もあった。豊田は機微な情報をセンピルから得ていたようであるが、MI5はセンピルを拘束するまでには至っていない[40]。

他方、メイヤーズは潜水艦の専門家であり、一九二七年一月に英海軍を退職して、ヴィッカーズ社の潜水艦部門勤務していた。MI5の調査によると、メイヤーズは当時の最新技術であった水中での交信技術に関する機密を豊田に三〇〇ポンド（現在の貨幣価値で約七〇〇万円）で提供している[41]。MI5とGC&CSは日本大使館からの通信を傍受・解読し、メイヤーズの動きを追っており、一九二七年三月には国家機密法違反によってメイヤーズはイギリス当局に逮捕されている[42]。

基本的に豊田が欲していた情報は、当時の最新のテクノロジーに関するものであり、これらは日本海軍が建造していた航空母艦や潜水艦に寄与するはずの技術であった。そして豊田がロンドンを去ってからは、駐英武官補佐官、高須四郎少佐がラットランド元英空軍少佐を雇うことになる。MI5の調査記録を追っていくと、一九三〇年代以降、日本海軍はテクノロジーよりも国際情勢や戦略情報にその力点を移したように見える。

C.メイヤーズ

ラットランドは一九〇二年、英海軍に入隊、一九一八年には新設の英空軍に移っている。第一次大戦ではユトランド沖海戦などに参加し、一九一六年にはその活躍を認められてアルバート・メダル一級（Albert Medal 1st Class）、殊勲十字章（DSC）などを授かっている。ラットランドは、第一次大戦におけるイギリス軍の英雄であったと言えよう。

F. J. ラットランド

ラットランドは翌年にも殊勲十字章を再び獲得し、空軍少佐に昇進しているが、労働者階級出身の彼が英空軍に入隊したのは三二歳のころと遅く、また幹部候補でもなかったので、自分の出世の見込みが薄い事を感じ始めていたようであった。そして第一次大戦後間もなく、恐らく在英日本大使館側から、当時英空母「イーグル」の乗組員で、空母艦載機の専門家とされていたラットランドに接近した。このラットランドと日本側との接触はもちろん極秘扱いだったのだが、一九二二年一二月、MI5は秘密情報によりこの会談をキャッチしている[43]。

後にMI5が調べた所によると、日本側はこの会談で、日本海軍は秘密裏に英海軍の将校をアドバイザーとして求めている、ラットランドの空母艦載機に対する知識は日本海軍にとって不可欠である、などといった事をラットランドに打ち明けたらしい。つまり日本海軍は、ラットランドを空母艦載機のアドバイザーとして招きたかったのであり、彼をスパイとして利用する事までは考えていなかったようである。この時点でラットランドはまだ英軍に所属していたものの、この日本との会談については上官に一切報告せず、日本側からの提案を渡りに船とばかりに受け入れるのであった。ラットランドは一九二三年の夏に退官届を提出しているが、MI5や空軍省はラットランドを軍に留めておくかどうかで迷った末、一〇月に退官を黙認している。

その後ラットランドは経路をたどられないようしばらくフランスに滞在し、一九二四年の夏に訪日している。日本では三菱造船に雇われた形であったが、ラットランドが日本海軍のために働いていたことは間違いないだろう。彼は鎌倉に居を構え、横須賀の海軍工廠に足繁く通っていたようである。ラットランドの仕事は、日本海軍に空母艦載機について指導する事であり、また彼自身艦載機の設計、開発にも取り組んでいた[44]。ラットランドの指導がどこまで日本海軍の航空部隊近代化に寄与したかは計りかねるが、報酬が数千ポンド（現在の貨幣価値で約五〇〇〇万円）とかなりの高額であったらしいことから、日本海軍のラットランドに対する期待をうかがい知る事ができよう。

一九三二年一一月、それまで秘密裏にラットランドとの接触を続けてきた日本海軍は、彼をスパイとして利用する事を考え始め、高須少佐がラットランドに接触している。

当初ラットランドはイギリスでの情報活動を希望したが、日本側がそれを却下してラットランドをアメリカに派遣する事にした。この時期から海軍はアメリカを第一の仮想敵国と明確に意識していたのである。渡米前に交わされた契約の内容は、①年間二〇〇〇ポンド（現在の貨幣価値でおよそ五〇〇〇万円）の報酬、②アメリカでの活動資金の提供、③死亡した場合の家族への手当、④最低五年間はアメリカに滞在する事[45]、などであった。この時日本海軍はラットランド工作の初年度用資金として、一〇万円（現在の貨幣価値で約八〇〇〇万円）を見積もっている[46]。もちろんＭＩ５はＧＣ＆ＣＳ経由でこの情報を入手している。

アメリカでのラットランドの主要な目的は情報収集そのものではなく、アメリカにおける情報網の整備、エージェントの受け皿作りなど、日本の情報収集活動の土台部分を築き上げる事であった。具体的にはアメリカでの人脈と拠点作り、そして日本への情報伝達手段の確立であり、余裕があればアメリカの日本に対する意図などについても報告することになっていた。ラットランドが積極的な情報収集の指令を受けるのは、日米が戦争に突入した場合のみであり、その際はロサンゼルスかサンフランシスコをアメリカでの拠点にして、米艦隊の規模や配置を日本側に連絡するのが彼の役目であった。すなわちラットランドは潜在的スパイ、スリーパーとして雇われたのであった。日本からラットランドに一三文字の電報が届くと、それは戦争が始まるという合図だったのである[47]。

一九三三年八月、ラットランドはアメリカ視察旅行のためイギリスを発ち、高須の後を引き継いだ岡新（おかあらた）中佐は、ロンドンに留まってラットランドからの連絡を待つ事となった。アメリカへの船上、SISオフィサーが一般客を装ってラットランドと会話を交わしているが、この時ラットランドはアメリカ海軍の動向にかなりの関心を示していたという。その後ラットランドはアメリカを視察しながら東から西へ大陸を横断し、最終的には日本にまで辿り着いて、日本と正式な契約を交わしている。日本側からは諜報関係の人間がラットランドと会談したようであるが、名前は明らかでない[48]。そしてラットランドは、英太平洋艦隊が横浜港に寄港するのを避けるかのように日本を後にしたのであった。

一九三四年二月、ラットランドは移住のため再びアメリカの地を踏んだ。彼はアメリカでマンレーと名乗っていた。ロサンゼルスでは知り合いになったアメリカ人と共同で〝RUTLAND EDWARDS & COMPANY〟という会社を設立し、その後一九三八年四月にサンタモニカの航空機製造会社、〝DOUGLAS AIRCRAFT COMPANY〟の敷地内に〝SECURITY AIRCRAFT COMPANY〟を設立している[49]。前者は株のブローカー会社で、西海岸の財界への足がかりに、後者はアメリカ軍に航空機を供給していたダグラス社からの情報収集を目的に設立されたと思われる。〝SECURITY

AIRCRAFT COMPANY〟は後に〝JAPAN AIRCRAFT COMPANY〟という会社に名を変えている。これは主に日本軍の関係者がアメリカで民間社員を装うために設立されたようであり、また実際に何機かの訓練用飛行機を日本に売却している。

当時アメリカ西海岸で日本軍の関係者が集まるのは、決まってロサンゼルスのオリンピックホテルだったが、この事実は米連邦捜査局（FBI）の知るところであった[50]。ラットランドはアメリカで裕福なイギリス人を装い、西海岸の多くの名門クラブや社交界に顔を出していたようである。例えば彼は英国軍クラブでイギリス人、アメリカ人を問わず知り合いを作っていたし、サンタモニカのル・モンテクラブでは、ダグラス社の重役に顔を売っていたこともあった[51]。ラットランドの社交的な性格は、アメリカで短期間の内に人脈を作るには最適であったらしい。彼は日本側から支払われた金で億万長者のように振舞っており、ビバリーヒルズにプール付きの家と二台の車、そして何人かの使用人を雇って一人で暮らしていたという[52]。

また彼は一六ミリフィルムの撮影を趣味と称して、よく港に出かけては軍艦の映像をカメラに収めていた。彼はフィルムを買うという名目で特定の店に出入りしていたが、FBIの調査によると、フィルムを買いに行くというよりは、大量のフィルムをその店に預けに行っていたようである[53]。恐らくこの店を仲介に、ラットランドのフィルムは日本側に渡っていたはずである。

ところで一九三四年三月、ロンドンの岡は東京に、ラットランド以外にもドイツ人、もしくはフランス人をスパイとして雇うよう提言している[54]。そして翌年にはベルリンの日本大使館がナチス党員クーンを雇い、ハワイに送り込んでいる。これが岡の影響か偶然であったかは計りかねるが、実際一九三五年辺りから日本海軍はアメリカでの情報収集に本腰を入れ始めたようであった。このころ、海軍は岡に対し「最も重要なのはハワイにおける情報収集である」[55]と繰返し指令しており、この情報は日本海軍の関心がハワイにあったことをイギリス側に示唆していた。

また同じころ、岡は新たなイギリス人、ハーバート・グリーンを雇っていた。グリーンは、英海軍省次官を勤めていたウィリアム・グリーンの甥であり、小説家、グレアム・グリーンの実弟でもあった[56]。グリーン自身はもともと南アフリカでジャーナリストとして活動していたが、一九三三年から岡の誘いで日本のエージェントとして活動する。家柄の良かったグリーンは上流階級のみに入会を許されていたクラブに出入りすることができたため、そこから情報を集めてくることを期待されていたのである。ちなみにラットランドのコードネームが「シンカワ」であるのに対して、グリーンは「ミドリカワ」であった。

一九三四年に入ると、一九三五年一二月に予定されていた第二回ロンドン海軍軍縮会議に向けて、イギリスの意向を探ることがグリーンの情報収集の目的となっていた。日本海軍はこの調査費用として、グリーンに対し一万円（現在の貨幣価値で約八〇〇万円）を計上している[57]。

さらに日本海軍は謝礼として八〇〇ポンド（現在の貨幣価値で約二〇〇〇万円）を支払っていたようであるが、グリーンは目立った情報活動を行っていない。それどころかグリーンは一九三七年一二月二二日付の『デイリー・ワーカー』誌上で、自分が日本のスパイであることを認める発言までしており、日本側のエージェントとしては不適切であったと言える[58]。

一方、一九三四年三月、ラットランドはロンドンに輸入品を扱う会社、〝MARSTON BARRS〟を設立しているが、これはもちろん日本からの連絡を受けるためのダミー会社であり、日本からの資金援助を受け、その資金を商用としてアメリカの会社に送っていたようである。しかしこの会社と日本大使館のやり取りもイギリス側に筒抜けであり、ラットランドからこの会社や彼の秘書宛の手紙類はすべて開封され、チェックされていた。ラットランドの計画では、ロンドン、ハワイ、ロサンゼルスに貿易品を扱う会社を設立し、商品や代金のルートに沿って情報を日米英の間でやり取りするというものであった。情報は、東京→ロンドン→ロサンゼルスの順に回ることになっており、新たにニューヨーク、バンクーバー、北京などにも支店を設置する予定であったらしい。また日本からの資金は株券などで支払われ、一九三五年には七〇〇ポンド（現在の貨幣価値でおおよそ二〇〇〇万円）がロサンゼルス、ハワイ、三五〇ポンドがロンドンのオフィスに投資されている。しかし問題はラットランドの計画がMI5やFBIに露呈していたことであり、またラットランドに商才がまったく欠如していたため、赤字続きのこれらの会社への資金提供は、日本側にとってはかなりの負担となったことであった。

一九三五年五月、ラットランドは私見としてレポートを送っている。「米陸、海軍も戦争を欲しているが、それは数年先の事となろう。私の会ったアメリカ人は皆、日本との戦争は不可避であると考えている」[59]。これはラットランドの個人的な意見ではあったが、当時、日本海軍がアメリカ西海岸で雇っていた外国人スパイはラットランドだけであったらしく、ラットランドからの報告には重みがあった。岡は東京に「戦争になった場合もラットランド一人だけに情報収集を頼るのは危険すぎる」[60]と警告していたし、またラットランドをスリーパーではなく、ハワイで平時からの情報収集に従事させるよう提言していた[61]。

GC&CSの盗聴によれば、一九三五年に日本海軍が必要としていた情報は、アメリカの対日戦略と、一九三五年末のロンドン軍縮会議に向けたアメリカ海軍の方針であった[62]。またFBIによれば、ラットランドは日本軍のアメリカでの諜報活動の責任者であり、また唯一日本海軍の暗号コードをすべて理解し、世界中を移動する事を許されていた日本のスパイであったらしい[63]。このＦＢＩの情報に裏付けはないが、ラットランドがかなりの額の資金を日本海軍から提供されていたことからも、海軍の彼に対する期待をうかがい知ることができよう。

ラットランドは頻繁にロンドン、ニューヨーク、ロサンゼルス、ホノルルなどを行き来している。恐らくハワイでは、日本海軍の諜報活動を担っていた吉川猛夫少尉や前述のドイツ人スパイ、クーンらと何らかの関係を持っていたはずであるが、確かなことはわかっていない。そして一九三七年一二月には上海にも出向き、日本陸軍とも接触している。この活動は電信傍受によりＭＩ５の知るところであったし、上海の米海軍関係者にも知られていた。そして一九三八年八月、ラットランドは再び日本を訪れ、日本側から四〇〇〇ポンド（現在の貨幣価値で約一億円）もの支払いを受け取り、「イトウ」と名乗る情報関係の人間と暗号コードに関して最終的な打ち合せを行っている[64]。この暗号コードは数字によって戦艦や巡洋艦などの船舶を表すことになっており、複雑な情報を送ることはできなかったが、恐らく戦争になった場合の応急的なコードだったのだろう[65]。日本人でラットランドと直接会って、情報のやり取りをしていたのは、確実な範囲でこのイトウと、岡、そして当時、米西海岸で活動していた立花止中佐の三人だけであった。

ラットランドは再びアメリカに戻ると、今度は英国軍クラブを通して米海軍情報部の日本通、エリス・ザカリアス大佐に接近する事となる[66]。ザカリアスがどれほどラットランドに興味を持ったかは定かではないが、ラットランド自身の証言によれば、彼は日本軍の諜報活動を阻止すると偽ってザカリアスに近づいたらしい。しかし実際ラットランドがザカリアスに接触していたとすれば、ザカリアスはＦＢＩを通じてラットランドの正体に気づいていたはずで、ラットランドはザカリアスに逆に利用されていた可能性がある。

ラットランドとアメリカで連絡を取り合っていたのが、立花であった。立花は諜報員としての訓練を受けたわけではなかったが、米海軍に詳しかったため一九三九年からロサンゼルスで活動しており、後にハワイでの情報活動に携わる事となる。彼は一九四一年六月、ラットランド宛に以下のような手紙を送っている。

当面は入手した情報を戦時にどうアメリカ国外に持ち出すかを考えなければならない。とりあえずはメキシコや南米との貿易ルートを確立すべきだろうが、何か良い案があれば話し合いたい。(中略)例えば沿岸から海上の潜水艦に信号を送るとか、アリゾナ山地の国境地帯にある鉱山からメキシコ側の山地に信号を送るというのはどうだろうか。[67]

つまり立花やその他のエージェントが入手した情報を、ラットランドが秘密裏に運搬するという事になっていたようである。ラットランドは実際コロラドやアリゾナ辺りの廃坑を見回り、いくつか買い取った所もあったらしい。またメキシコ国境へも頻繁に出かけており、これはメキシコへの情報ルートを確立する意図があったものと思われる。当時日本はメキシコから情報を運び出すために、メキシコでの情報網や輸送手段の確立に腐心しており、メキシコの太平洋岸の都市や中南米諸国が拠点として選ばれていた。そしてこれらの計画は、外務省の寺崎英成二等書記官によって指揮されていたようである[68]。

一九四一年六月、事態は急変する。立花は米太平洋艦隊の情報を得るためにロサンゼルスで活動していたが、ＦＢＩの防諜工作により六月六日逮捕されてしまう。身の危険を感じたラットランドはつてを頼ってアメリカ当局に保護を願い出るが却下され、仕方なく今度はイギリス側に訴える事となる。イギリスは退官しているとはいえ、元英空軍将校がアメリカにおいてスパイ容疑で逮捕されることがスキャンダルに発展する可能性を恐れたため、ラットランドを保護、一〇月にイギリスへ送還することになった。

ラットランドは英海軍やＭＩ５の尋問で日本海軍との関係は認めたものの、日本のスパイである事は認めようとはしなかった。ラットランドによれば、彼は米情報部の極秘作戦のために働いており、日本人に接近したのは日本軍を監視するためだったと言い張り、今度はイギリスのエージェントとして働くなどという提案さえしたのであるが、ラットランドに関して綿密な調査を続けてきたＭＩ５がこれを受け入れるはずもなく、日本との戦争が勃発してすぐに、彼は敵国への協力者として、緊急防衛規定によって逮捕、ブリクストン刑務所に服役することとなる。なお、この件は一応公開されたものの、新聞での扱いは小さいものだった。その後ラットランドは一九四四年初頭に釈放されるが、将来を悲観した彼は戦争が終結して数年後に、自らその命を絶ってしまったのである[69]。

日本側がラットランドに信頼を寄せていた一方、ラットランドが日本のために働いていたのは、日本に対する好意や忠誠心からではなく、単に金と冒険のためであった。日本海軍はまだラットランドが英空軍に所属していたころに接触し、彼を雇うことに成功しているが、岡が懸念したように日本海軍はラットランド一人に頼りすぎていた感がある。海軍はラットランドに対する監視を怠ったために、彼がイギリスへ送還されることを阻止できなかった。また海軍はラットランド本人や彼の米西海岸、ハワイ、ロンドンの拠点に莫大な資金を投入したが、その投資が実を結んだかどうかは疑問である。ラットランド本人によれば、日本側から提供された資金は最終的に数万ポンドにおよぶと言う[70]。日本海軍がラットランド個人にこれ程の額の資金を提供したということは、海軍の期待の程を示していると言えよう。しかしその反面、ラットランドはほとんど有益な情報を報告していないように見受けられる。

一方、イギリス側から見た場合、ラットランドの活動はある程度日本海軍の意図を示すバロメータの役割を果たしていた。日本海軍が航空部隊の充実を図っていた一九二〇年代、ラットランドは空母艦載機のアドバイザーとして雇われており、その後一九三〇年代、日本海軍が国際協調路線をあきらめ始め、英米海軍との戦いを意識していたところに、ラットランドはスパイとして雇われたのである。すなわち日本海軍によるラットランドの起用法は、大方海軍の戦略方針に沿っており、そこからMI5が日本側の意図を導き出すのはそれほど困難ではなかっただろう[71]。またラットランドの活動は、在英日本大使館の情報収集及びアメリカにおける日本の情報網や伝達ルートの一端を明らかにするだけでなく、一九三〇年代を通じて日本海軍の関心が米太平洋艦隊とハワイにあったことを示唆していたのであった。当時極東における英軍部最大の関心がシンガポールの防衛にあったことを考えると、このようなMI5からの報告はイギリスの極東戦略に何らかの影響を与えた可能性もある。

いずれにせよラットランドはMI5、FBIからつねにチェックされていたため、彼の計画が成功する見込みは薄かった。結局ラットランドは平時には適当に泳がされ、戦争が近づくと上手く処理されてしまったようである。このようなラットランドに対するMI5の調査は、MI5やSISの徹底した追及とGC&CSによる通信傍受の賜物であった[72]。

また後にソ連側のスパイであることが発覚するSISのキム・フィルビーもこの一件に絡んでおり、このようなMI5のやり方はフィルビーからソ連側に伝えられたと考えられる。ソ連にとってはこのような情報活動のスキルも貴重な情報であった。それまで粗野なやり方の多かったNKVDはKGBに改編され、その手口も洗練されていくのである。

3 防諜

防諜の不徹底

陸軍と比較すると、海軍の防諜活動はあまり積極的に行われていなかったために、機密漏洩等の事案が生じることがあった[73]。例えば暗号を解読された事例としては、戦争中のミッドウェイ海戦や山本長官撃墜事件（海軍甲事件）、また機密書類を紛失した例として、一九四二年一月の伊号一二四潜水艦撃沈、一九四四年四月の海軍乙事件などがある。また既述のラットランドやセンピル、グリーンなどを使った情報収集も、結果的に自らの手の内を明かすことになっていたと考えられる。

憲兵隊や調査部などの防諜機関を有していた陸軍と比べると、防諜機関の有無が海軍の政策や戦局に与えた影響は無視できない。陸軍の場合は比較的防諜活動が機能しており、また陸軍暗号は戦争終盤まで連合国側に解読されることはなかった。

海軍では一九三〇年七月、海軍省電信課長、伊藤利三郎大佐が「暗号ニ関スル海軍省意見」と題した提言書を提出し、運用上のミスから暗号が解読される危険性を指摘していたが[74]、そのような指摘が省みられることはあまりなかったようである。

また海軍は田辺一雄（たなべかずお）海軍技師を中心に、九一式欧文印字機、九七式欧文印字機などを独自に開発、使用しており、九七式欧文印字機は改良を加えられて外務省でも使用されていたが、これらの暗号機による機械暗号は、米英側にほとんど解読されることとなる。

海軍の作戦暗号が解読された例としては、ミッドウェイ海戦が有名であるが、すでに一九四二年一月、オーストラリア北部で撃沈された伊号一二四潜水艦所有の暗号関係書類が連合国側に渡っていたことで、海軍作戦用暗号に不安が生じていたことは明らかであった[75]。しかし海軍はこの失態に対して対策を講じることもなく、珊瑚海海戦、ミッドウェイ海戦を戦うことになるのである。

一九四二年六月のミッドウェイ作戦においては、暗号被解読（暗号が解読されること）の前兆があったにもかかわらず、日本側の防諜意識の甘さから敗北を喫することになる。伊一二四潜水艦の暗号書類に加え、海軍D暗号が解読された要因としては、①暗号が有限乱数によるものであり理論的に解読可能であった、②暗号書の更新が作戦に間に合わなかった、③作戦にともなう通信量の増大[76]、等があり、後知恵ではあるが、ミッドウェイ海戦までに海軍D暗号が解読される条件は揃っていた[77]。

戦争中に機密書類がアクシデントで相手側に渡ったり、暗号通信が解読されてしまうのは時に避けようのないことである。それよりも日本海軍の問題は、機密が流出した兆候がありながら、それに対する原因の徹底的な究明と対策が講じられなかったことにあった。海軍は機密が漏洩していたことにまったく気づいていなかったわけではない。第一航空艦隊参謀長として同作戦に参加した草鹿龍之介（くさかりゅうのすけ）中将は、「ミッドーウーエー海戦に関する日本連合艦隊の計画が米国側に漏洩せしことが本作戦失敗の主要なる原因なり」[78]と記しており、また軍令部作戦日誌にも「敵が我が企図を察知していた」[79]と記録されている。しかし軍令部においてはこれらの疑惑は残ったものの、基本的にミッドウェイにおける敗因は補給艦との連携の問題や索敵不足といったテクニカルな戦術的要因であったとされ、最終的に日本側の暗号が解読されていたことについては触れられていない[80]。

確かにミッドウェイ海戦の敗北の原因は、暗号以外にもさまざまな問題が積み重なって生じたわけであるが、少なくとも暗号の被解読に

鮫島素直

ついても、それらの問題の一つとして数えられなければならなかった。

そしてここで原因を徹底的に検討しなかったことが、後の山本連合艦隊司令長官の撃墜事件へと繋がっていく。アメリカ側は、日本海軍の暗号電報、「ＮＴＦ機密第一三一七五五番電」を傍受、解読し、ソロモン方面前線基地を視察にやって来た山本長官の機体を待ち伏せの上、撃墜した。この時にはさすがに海軍の暗号がアメリカに傍受、解読されているのではないかという疑念が海軍の中に生じるようになっていたが[81]、決定的な証拠を欠くということで、またもや徹底的な原因究明が行われなかった。通信課長の鮫島素直大佐は以下のように回想している。

この事件は日本海軍にとってはきわめて重大なものであったので、暗号電報被解読の可能性の有無も含めて、直ちに厳密な調査が行われた。しかし、アメリカ側が事前に山本長官の巡視計画を知っていたと推論できる確定的な資料を見出すことはできなかった。むしろ、使用暗号は強度の高いもので、しかも乱数表は四月一日変更されたばかりで解読される筈はないと考えられていたことと、翌一九日にサンフランシスコ放送でアメリカ側が単に『北部ソロモンで米陸軍機が日

本軍の陸上攻撃機二と戦闘機二を撃墜、わが方一機損失』と発表していたこともあって、この戦闘は偶発的なものであったとの判断に日本側は傾いていった。したがって暗号書の更新などは考えられなかった。[82]

暗号通信の専門家である鮫島の認識がこの程度であったとは考えがたいが、少なくとも当時から米軍による暗号解読の可能性は指摘されていたはずである。しかし結局、山本長官撃墜という大事件に際しても、海軍は自らの襟を正すことができなかった。そしてこのような防諜態度の甘さは、一年後の海軍乙事件においてさらに顕著に現れるのである。

油断と慢心のツケ

海軍乙事件は一九四四年四月一日、中部太平洋のパラオからダバオに向かう海軍飛行艇二機が遭難した事件である[83]。一番機には連合艦隊司令長官、古賀峯一（こがみねいち）大将が搭乗しており、この遭難によって古賀大将は殉職した。そして連合艦隊参謀長福留繁（ふくとめしげる）中将の搭乗する二番機には、防水の書類ケースに収められた日本海軍の暗号書と対米迎撃作戦についての詳細な作戦計画であるZ作戦計画書が搭載されており、二番機の遭難時にこのケースは行方不明となってしまったのである[84]。そして福留中将らは現地のセブ島ゲリラによって捕らえられてしまうことになる。

一方、セブ島沖に不時着した日本海軍機を確認したアメリカ側は、この機密書類を発見し、潜水艦でオーストラリアの陸軍情報部に輸送、そこですべて複製された後に、再び飛行艇の不時着した辺りに書類ケースを流し、日本側に発見させようとした。結局、書類ケースは現地セブ島の住民が発見したことにして、何食わぬ顔で日本側に返還された。

ここで問題になるのは、その後の海軍の対応である。機密書類については無事戻ってきたとのことで不問とされ、むしろ問題は福留らが戦陣訓に反して、虜囚の辱めを受けたのではないかということであった。この時、海軍の幕僚たちは機密書類のことよりも、福留に対する処遇をめぐって延々と議論することになるのである。結局、福留らを捕らえたのは正規軍ではない現地のゲリラ集団であるから、正式な捕虜になったわけではない、という理屈によって、福留らは処罰されることはなかった。それどころか日本海軍はこの事実を隠蔽し、その後すぐに福留を第二航空艦隊長官へと栄転させたのである。

このような日本側の対応は、防諜以前の問題であり、戦場で機密書類が一時的とはいえ行方不明になることの深刻さをまったく考慮していない。海軍で通信の専門家であった中島親孝元中佐は、「わが海軍の暗号計画における最大の欠陥は、暗号書表が敵に渡ることに対する考慮が不十分であった点である」と述懐しているのである[85]。

当時の日本海軍の防諜意識の甘さ、そして自浄作用のなさは、さまざまな問題を生じさせており、その後の海軍の戦略に与えた影響を考えると、どれも深刻なものであった。暗号一つとっても、「自分たちの暗号が解読されるはずがない」との慢心から、防諜業務にそれ程の労力が割かれることはなかったのである。

これまで見てきたように海軍の問題点としては、ヒューミント、シギントそれぞれの分野に対する関心が薄く、人員や資金があまり投入されなかったことである。これは戦間期を通じてアメリカを仮想敵国としておきながら、戦争が始まるまで対米情報課の人員が一〇名を越えなかったことに如実に表れている。また海軍の場合、防諜にも難があった。防諜活動が低調であると、機密流出に対する感覚も鈍り、また陸軍を初めとする他機関からの情報提供にもあまり期待できなくなるという弊害が生じるのである。

第四章
情報の分析・評価はいかになされたか

1 陸海軍の情報分析

分析とはどのようなプロセスか

インテリジェンスの分析・評価は、収集したインフォメーション（生情報やデータ）の断片をつなぎ合わせてインテリジェンス（情報）を生み出していく過程である。収集したインフォメーションを生かすも殺すも情報分析次第であるので、この過程には専門の分析官が分析作業に携わり、現在も多くの国が情報分析に膨大な労力を注ぎ込んでいる。

日本の軍事史に詳しいアルビン・クックスは戦前日本の情報評価システムについて、「洗練されておらず、偏狭で、頑固で、断続的で、しばしば曖昧であり、無駄口をたたく」[1]と表現しているが、これは必ずしも適当な表現ではない。当時の日本軍における情報分析部門は、不十分ながらも「インテリジェンスを生産」する意識を有しており、価値判断を加えた情報を査覈（さかく）資料と称していた。本章ではこのような日本軍の情報分析がどのようなものであったかを検討していく。

すでに述べてきたように、戦前の日本陸軍ならば参謀本部第二部、海軍なら軍令部第三部が中心になって情報分析業務を行っていた。また当時の日本は、参本二部、軍令三部から上がって来る情報を総合的に分析する部門は持たなかった。基本的な仕組みとしては、それぞれの情報部が情報を収集、分析し、他のセクション、主に作戦部などに報告する形であった。これまで見てきたように、日本軍の情報収集能力は極東シベリア、アジア地域に限定した場合、相当なものであり、また通信情報ならばさらに広い範囲から情報を集めることも可能であった。

それでは集められた情報は、中央でどのように分析されていたのであろうか。この点については参謀本部第二部ロシア課長であった林三郎元中佐が当時の陸軍の情報分析について以下のように述べている。


我々が断片的な情報の真偽を判定する際、それら情報の確かさを「確度」と呼び、甲（確実）、乙（概ね確実）、丙（やや疑わしい）、丁（不確実）、の四種類に大別していた。だが何をモノサシにして「確実」と認め、何に基礎をおいて「不確実」と評価するかについては、実際には情報勤務者の主観によって決められた場合が多かったようである。だが我々が確度決定のための一つのモノサシとして考えたいのは、科学（通信情報）、文書（文書公開情報）、人的の各諜報の成果が三つピッタリ合えば甲、右のうち二つが合えば乙、初めて出てきて査定の手がかりもないようなものは取り合えず丙とするものであった。[2]

この記述によると、すでに当時の情報分析者は情報の分析、判断の作業が、パズルを組み立てていくようなものであることを良く理解しており、またその組み立てのために客観的な基準を持とうとしていたことがわかる。

また海軍軍令部においても、独自の情勢判断基準が存在していた。一九四〇年九月、日本が北部仏印に進駐すべきかどうかの判断において、軍令部は以下のような判断方法を示している。それはまず、収集された情報から進駐した時の利点と欠点を挙げ、その二つを比べた結果、どちらが好ましいかを判断するものであった。

この分析過程については詳しく後述するが、海軍の情勢判断も客観的な情報収集と分析によるものであった。

このように、陸海軍の情報部は職人的な情報分析を得意としていた一面がある。むしろ地道な情報分析は、日本人に向いている作業とも言えるであろう。

軍令部の情報分析について、当時軍令部第三部で米軍の分析を行っていた今井信彦中佐は以下のように述べている。

当時のやり方は『数字で情報をとる』と表現しても良いと思われる位、毎日の微細なニュースの累積を整理して、之を微分積分し、加減乗除して数字の持つ意味を読み取る洞察力をフルに駆使して（中略）情報をとる方式であった。[3]

このような情報分析手法を取っていた今井が、通信情報によってフィリピン侵攻中の米軍がどのような情報分析を行っているかを知った時、以下のような感想を漏らしている。

彼ら（米軍）は、我々の様な色々の手段による情報収集や、之の微分積分の整理分析の上の敵情判断などによる訳ではなく、直接目で見、耳で聞いた生のニュースや実情を、刻々電波に乗せて報告していた。（中略）こんな情報の取り方は、誠に簡明直感、我々のやっている極めて複雑なやり方とは比べるべくもなく、一概に比較はできないが、『頭脳の情報』に対する『力の情報』とも言えるのではなかろうか。[4]

米軍前線部隊の情報報告と軍令部情報部の分析を比べるのは酷であろうが、少なくとも情報部は確固とした情報分析・評価を行っているとの自負があったのである。

この点について実松譲元大佐はさらに詳細に記述している。実松によれば日本海軍のインテリジェンスには四段階あり、それらは、①収集、②評価、③ディステレーション（蒸留）、④判定、であるという。実松によると②の評価の段階では、

（情報の評価段階では）入手した資料の価値判断を行う。この場合、すでに入手した資料を入念に分析し整理して積み重ねておくことによって、評価のための「物差」が得られる。またこうした作業を繰り返すことによって、「情報眼」というものが、おのずとうまれてくる。こうした物差と情報眼によって、玉石混淆の資料を間違いなく選別し、適正に評価できるようになる。資料の価値判断は、主務部員が行うのを原則とした。しかし予備士官でも、だいたい二年の年季を入れるとかなり信頼できる作業をすることができる。[5]

というものであった。

③のディステレーションは、「積み上げた資料から導いた成果を、敵の現実の動きなどに照合し、作業の成果の精度を検討する。（中略）こうしたことを反復して情報作業の練度が向上するにつれ

て、作業の誤差は次第に減少し、だんだんと真実に近づいてゆく」といった過程であり、最後の判定段階で、「成果を現実の敵の作戦などに照合して検討し、誤差の原因を探求して真実に近づく要領は、第三段階の作業の場合と同様である」ということになる。

軍令部は情勢分析によって、一九四四年八月に詳細な「米軍上陸作戦要覧」を作成し、米軍の対日侵攻作戦を適切に予測している[6]。このような予測の判断は、敵宣伝状況、敵潜水艦の配備状況、通信情報、米側の作戦会議、作戦部隊の改編、主要記念日（米軍は何らかの記念日に合わせて作戦を実行する例がある）、気象情報等から推察されたものであり、決定的な情報を入手できない状況では、陸軍と同じく情報のピースを丹念に組み上げていくような分析・評価を行っていたのである。

軍上層部の無関心

このように陸海軍の情報分析を見ていくと、双方ともかなり客観的な基準から情報を分析しようとしていたことがよくわかる。ただし問題は、優れた情報分析官、もしくは民間専門家の慢性的な不足であった。すでに述べてきたようにインテリジェンスの現場では、決定的な情報を入手するのではなく、断片情報を組み立てていく必要性が認識されていたため、ある程度知性（インテリジェンス）を有した分析者と、その作業を下支えする多くのスタッフが不可欠であった。

ところが軍の上層部にしてみれば、情報というのはインフォメーションのことであり、それを右から左に流す情報勤務というのは簡単なものであるという認識があった。そしてその作業のために人員を割く必要はないと考えられていたのである。例えば一九四一年の時点で、参謀本部第二部には三六名（大尉以上の部員）、軍令部第三部には二三名（中尉以上の部員）のスタッフしか割かれていなかった[7]。これらたった六〇名ほどの人間が、当時の日本のインテリジェンス中枢であったわけであり、この過小な人員は軍上層部の情報活動に対する無関心を表すものであった。

戦前、軍令部第三部長を務めた前田稔(まえだみのる)元中将は、「第三部は編制上では軍令部の三分の一、四分の一を占めていたけれども、配員は必ずしも充分ではなく、適任者ばかりが集められていたのでもなかった。軍令部の中でもあまり重視されていなかったというのが実情であると思われる」と述懐している[8]。ちなみに同じ時期の米陸軍情報部は将校に限定しても一六八名、海軍情報部は二三〇名、それぞれにはほぼ同じ数の文官がいたので、合計すれば七〇〇名程度の人員が割かれていたことになる[9]。

さらに日本の場合、情報畑でずっとやっていくというスタッフは少なく、専門性を身につける前に他の部局へ異動させられることが多かった。対ソ連情報の専門家であった林は次のように書き残している。

人事当局者の情報勤務に対する認識は、昔と少しも変わりがなかったようである。それは情報勤務が素人眼に誰にでもすぐやれそうに見えたからであろう。それ故に二流人物をこれにあて、しかもその多くは二年ぐらいで交代させられていた。（中略）情報勤務はとっつき易いかもしれないが、ちょっと役立つようになるには少なくとも数年の修練を必要とし、作戦関係の仕事より遥かに仕事の奥行きが深い。だからもっともっと能力優秀な将校をこれに多くあて、頻繁な交代を極力避け、あらゆる機会をつかんで教育をやるべきであった。[10]

本来、情報業務とは、軍における機甲や航空に匹敵するような専門分野であり、長年の経験と専門知識が物をいう、一種の特種技能が必要とされる。しかし当時の陸海軍ではこの理屈が理解されず、情報勤務は一時的なポストであるという意識が抜けなかったのである。

このような意識は、情報部の長たる参謀本部第二部長の人事を見ればよくわかる。一九四〇年以降の第二部長は、フランス通の土橋勇逸少将、ドイツ通の若松只一少将、岡本清福少将、そしてイタリア通の有末精三少将を一年以内につぎつぎに変えていくだけで（有末だけは終戦まで三年間務めた）、とても対米英戦を意識した布陣とは思えない。しかも有末は二部長になる前の二年間には、支那方面軍参謀を勤めており、必ずしも米英の情勢に通じていなかった。さらにそれ以前まで参謀本部は対ソ戦を意識していたにもかかわらず、ソ連専門の二部長は、一九三一年の橋本虎之助少将が最後であった。

このような情報部長の布陣を見ても、とても参謀本部が第二部からの情報分析を重宝して戦略を練っていたとは考えられないのである。二部員であった杉田一次元大佐によれば、「参謀本部第二部長の地位はアクセサリーのごとく閑職視され、将来、重要な職務につく人達の憩の場所のように考えられていたのではあるまいか」[11]というありさまであった。海軍においても一九四〇年から四五年の間に五人もの情報部長が入れ替わっている。

杉田は戦後、「やはり少なくとも三年近くの年月をかけ、働くようにしなければならない」[12]と述べており、情報部員には専門性と継続性が求められるということを肌で感じていた。

また陸海軍は、情報分析のために外部の有識者に頼ろうとする姿勢にも欠けていた[13]。確かに民間人による情報分析には機密漏洩の問題がつきまとうが、同じ時期の英米は、民間の知識、特に大学からの人的資源を最大限に活用して情報分析にあたらせている。特に暗号解読や情報分析のためには、数学、言語学、そして幅広い分野の優れた頭脳の集結が不可欠である。イギリスのインテリジェンス・コミュニティーは早くからオックスブリッジの研究者、学生に目をつけており、彼らを独自にリクルートしていた。文明史家のアーノルド・トインビーやシートン・ワトソン、ハリー・ヒンズレー、数学者のアラン・チューリングら錚々たるメンバーがイギリスのインテリジェンス・コミュニティーを支えていたのである。

このイギリスの例に倣ったアメリカも、第二次大戦中に歴史家のウィリアム・ランガー、シャーマン・ケント、ゴードン・クレイグ、経済学者のエドワード・メイスン、チャールズ・キンドルバーガー、W・W・ロストウといった著名な学者を集め、情報分析に従事させていた[14]。このように英米のインテリジェンスの分析部門は、アカデミックなシンクタンクの様相を呈していた。

他方、日本でも米英の知識階層が軍のために働いていたことはある程度まで知られていたが、それに影響を受けることはなかった。陸海軍は外部の人材に頼るよりも、自らの将校に数学や語学を教育して、情報分析にあたらせていたので、民間の頭脳活用に対しては関心が薄かった。例えば、イギリスは大学出の数学者を国家の頭脳として丁重に扱っていたが、日本は学徒出陣で大学生を最前線に送り込むというまったく正反対の対応を取っている。陸軍が重い腰を上げて暗号研究のために東京帝国大学の数学者、言語学者らに協力を依頼し、陸軍暗号学理研究会（陸軍数学研究会と呼称）を発足させたのは、太平洋戦争後半の一九四四年四月になってからのことであった。

このように陸海軍の指導層は、情報分析の重要性に関してはあまり理解を示さなかった。これは軍の教育機関において情報の分析方法が論じられることがなかったために、現場の情報分析というものがどのようなものであるかイメージが湧かなかったからであろう。軍の上層部にとって情報勤務とはインフォメーションの収集であり、分析・評価というのは馴染みのない概念であった。当時のエリートたちにとって、現場がどれほど苦心して断片情報を集め、それを一枚の絵にしようと努力しているか、というのは想像することが困難であっただろう。

現在のわれわれにとっても、インテリジェンスという言葉の響きにはやや暗さがともなう。これはいまだにわれわれのインテリジェンスに対する概念が、「諜報」であり、スパイや謀略の域を脱していないからである。他方、イギリスなどにおいて「インテリジェンス」と言えばそれは文字通り知性であり、時にはアカデミックな響きすらするものである。

このように見ていくと、陸海軍の情報部は相当なインフォメーションを集め、苦心しながらそれらをインテリジェンスとして加工しようとしていたことがわかる。だが参謀本部、軍令部にも情報の職人はいたが、絶対的なスタッフ不足はどうしようもなく、その上、場当たり的な人事によって情報の専門家はなかなか育たないまま、本格的な情報分析の域にまで達することはなかったのである。そして的確な情報を報告できなくなれば、情報部の地位は下がり、提供されるスタッフの質は下がっていくという悪循環に陥る。

その結果、情報部のインテリジェンスに信用を置かなくなった作戦部は、情報収集の現場から直接インフォメーションを拾い上げることになり、日本軍における情報の流れはどんどんいびつなものになっていった。また政治家や軍上層部のレベルでは、欲しい時に欲しい情報が手に入らない、もしくはいきなり生の情報が上がってくる、といった形になり、正確なインテリジェンスによって情勢判断を行い、国策を決定していく、という構図は成り立たなくなっていたのである。

ただし戦前の日本に中央情報部のような機関がなかったというわけではない。これは内閣情報部として知られており、一九三六年に設置された内閣情報委員会にその端を発する。この組織は、陸海軍省に加え、内務省、外務省、逓信省から人材を派遣し、当初は官邸に直結する中央情報部として機能することが期待されていた。今で言う内閣情報調査室のようなものである。実際、横溝光暉（よこみぞこうき）情報部長時代は、官邸のブレーンとして上手く機能していたようである[15]。

しかし実質的な権限を持つ陸海軍は、それぞれの情報を内閣情報部に渡すつもりなどなかった。一九四〇年八月、政府内で陸海軍、外務省の情報部を統一して内閣情報部を作るような構想も存在していたが[16]、陸海軍はこの構想に反対であった。そして横溝部長が岡山県知事となったのをきっかけに、一九四〇年一二月、内閣情報部は「情報局」に格上げされたが、実質は軍部による内閣情報部の骨抜きとなった。結局、情報局は単なる宣伝機関へと変貌してしまうのである。

2　陸海軍における情報部の地位

「作戦重視、情報軽視」の弊害

それではなぜ陸海軍の情報部に優秀な人材が集まらなくなっていったのであろうか。これは陸海軍の「作戦重視、情報軽視」という風潮のため、作戦部には最優秀の人間が選抜され、情報部の人間は作戦部に劣るという意識が根強かったためであろう。

そもそも第二部が情報を扱うようになったのは、日露戦争後の一九〇八年である。それまで参謀本部は、第一部、第二部が地域別に作戦と情報を同時に扱うプロシア式の組織を導入していたが、その後、機能的に作戦部と情報部を独立させたわけである[17]。こうして組織的な体裁は整うようになった。

一九〇八年一二月の「参謀本部各部各課担任業務区分表」によると、第二部第四課には「内外課報の収集及び審査。外交に関連し発生すべき軍事諸件」、第五課には「内外兵要地誌及び兵要地図の編纂。同材料の収集」といった任務が規定されているが、作戦部である第一部との関係は曖昧なままであった[18]。

大正期の平和な時代はそれでよかったが、問題は日本軍が第一次大戦をほとんど経験しなかった点にある。既述したように、第一次大戦は世界的にインテリジェンスの仕組みが大きく変化した時代にあたるため、日本はそのような世界的潮流からとり残されることとなった。

参謀本部においては石原莞爾（いしはらかんじ）少将が第一部長となった一九三七年あたりから、作戦部は独善的な作戦至上主義を展開していく。石原は第二部の情報活動が旧態依然としていると判断して、参謀本部の機構を改革して第二部の権力と権威を弱体化しようと画策したのであった[19]。

そもそもインテリジェンスという営み自体が、軍隊の指揮命令系統（Chain of Command）に合致していないのである。インテリジェンスの過程で重要なのは、情報分析、評価を効果的に行うための情報共有である。しかし軍隊組織ではどうしても組織間関係が上下関係となりがちであるので、「作戦」と「情報」が水平的に連携し、情報を共有できる余地が少ない。例えば同時代のアメリカも陸海軍が情報部を有していたが、この仕組みはほとんど機能しなかった。従ってアメリカの場合は、戦後に強力な権限を有する中央情報部（ＣＩＡ）を設置してこの問題を解決しようとしたのである。

他方イギリスにおいては、情報組織が政策官庁や軍部との横断的な協力関係（Collegiality）を実現するために膨大な労力が注ぎ込まれた。その結果、情報コミュニティーの内部や、情報サイドと政策サイドとの間で円滑な情報共有が実現したのである。このイギリスの組織形態は、「情報は共有されなければならない」という考えに基づくものであった。

日本軍の場合、元来軍部が情報部を有することの構造的な問題点に加え、「作戦重視、情報軽視」の考えが根強かったので、作戦部と情報部の立場を平等にした上で情報を共有することは極めて困難であった。

例えば一九三九年一二月、関東軍はノモンハン事件の反省のため、「ノモンハン事件研究情報勤務専門委員会」を設置し、情報サイドの発言権強化を試みている[20]。これは関東軍のみならず、参謀本部においても情報部からのインテリジェンスに権威を持たせ、それを作戦部に受け入れさせようとしたものであるが、このような付け焼刃的な対策では、構造的な問題を解決するには至らなかった。

むしろ作戦部優位の状況は一九四〇年代に入るとさらに顕著になっていく。一九四〇年は北部仏印進駐、三国同盟成立と、日本の国策が大きく動いた時代であるが、例えば北部仏印進駐の際、参謀本部の作戦部は情報部の判断を考慮していない。

この時の参謀本部情報部長は駐仏武官を務めたフランス通、土橋勇逸少将であり、仏印進駐には反対であった。しかし土橋の回想に拠れば、「七月末から九月末までの間に、第一部が仏印側にどんな要求をし、また仏印側が何と応じていたなどとは全然タッチさせられもせず、またしようともしなかった」[21]という有様であった。

この時、「参謀本部第一部のみが独自の考えを保持しており、第二部長及び次長等との考えとも背（はい）

馳していた」[22]という状況であったにもかかわらず、作戦部は北部仏印進駐を断行したのである。

またこのころ、参謀本部では初めて南方作戦の課内研究が行われていたが、情報部に対して情報分析が求められたわけでもなく、情報部の人間が研究に呼ばれることもなかった[23]。一九四〇年末から情報部は、南方にスタッフを派遣し、また民間会社からも情報を収集していたが、ひたすら情報を貯め続けるだけで、作戦部の情勢判断に関わることはなかった。

さらに一九四一年六月の独ソ戦開戦の折、参謀本部で多数を占めた意見は、ドイツの短期的勝利であった。これは欧州におけるドイツの連戦連勝に目を奪われた参謀本部の主観的観測から生じたものであるが、ロシア情報の専門家であった林などは、「ソ連がすぐに参るとは思わなかった。地域の大きさがソ連の強みであり、冬までにやっつけなければソ連は息を吹き返すと考えた」という見解であった。しかしこのような冷静な見方は、作戦部からまったく省られることはなかった[24]。

太平洋戦争中、第二部長を務めた有末は以下のように述懐している。

> 参謀本部第一部とくに作戦課については、一種の独善的雰囲気があった。作戦計画について外に一切もらさず、またその策定について外からの干渉を排除し、意見を聞くことすら嫌がった。[25]

有末によると、情報部長が作戦部に呼ばれて大本営の作戦室に入ったのは、インパール作戦直前の一度きりであったという。しかも有末は作戦に反対したにもかかわらず、そのような意見は黙殺されている[26]。

またソ連情報の専門家として各地の特務機関で勤務し、参謀本部総務部長も勤めた神田正種元中将は以下のように述べている。

参謀本部においては、情報と作戦両部の関係が伝統的にしっくり行かなかった。作戦部は情報部の意見を尊重しない。独自の見解に立って作戦を計画し、時には自らの所要の情報収集を行う。作戦部は情報部の仕事が兎角政治情報に走って、作戦上必要な資料を提供せぬと言う（中略）。ただし作戦部の悪い事は、機密第一に捉われて、作戦上いかなる情報を求めありやを明らかにしない。情報部は為に大まかな想像を基礎として資料を集めるという状態であった。[27]

神田の指摘は示唆に富んでいる。作戦部から情報要求が発せられないために、情報部はどのような情報を提供するべきか把握できず、作戦部から見れば大まかで的外れな情報が報告される。その結果、作戦部は情報部をより信用しなくなるというスパイラルに陥っていたのである。

神田はこのような閉塞状況を打破するために、わざわざ作戦課長であった土居明夫大佐を情報部へ送り込んでいるが、土居をもってしても作戦と情報の関係は変わらなかったと述懐している[28]。これは既述したように、作戦部と情報部の関係は構造的な問題であり、またそこに各部局のセクショナリズムが強力に作用して問題解決を困難にしていたからである。

さらに組織上の問題として、作戦部が現場から情報を吸い上げることができたため、情報部の「情報収集・分析」の役割はさらに低下した。「ベスト・アンド・ブライテスト」が集まる作戦部が独自にインフォメーションを集め、それを基に作戦を練れば良い、というわけである。しかし作戦部が情報を扱いだすとどうしても戦略や作戦目的のために情報を取捨選択してしまい、最初に作戦ありきで、情報は目的を正当化するために使用されてしまうことになる。

たび重なる判断ミス

太平洋戦争の緒戦となった南方作戦において事前の情報収集は有効に利用されたが、そのような分析活動は情報部の手を離れたところで行われていた。陸軍は一九四〇年一二月に南方作戦研究の中枢機関として、台湾司令部内に台湾軍研究部を設置し、そこでは主に、南方作戦における戦闘法、東南アジア諸国の軍事情勢、地誌、衛生防疫についての研究が行われた[29]。台湾軍研究部は東南アジアからのヒューミントや、現地の台湾総督府、台湾大学、南方協会（台湾総督府下で十数年前から南方調査を施行）など官民から広く情報を集めて分析を行っていた。この台湾軍研究部は参謀本部第一部の主導の下で創設されたため、第二部との折り合いはそれほど良くなかったようである[30]。

このように参謀本部内における情報部の孤立は、作戦部の情報無視の独走を招いたわけであるが、そもそも陸軍という組織が、情報部を有効活用する法的、もしくは組織的な根拠を持たなかったため、情報部が組織の中で浮いてしまっていたのである。作戦部だけではなく、陸軍の上層部も情報部に情報要求を行わず、情報の分析は作戦部が独断で行うか、その他の組織に任せる事になる。土居明夫は以下のように書いている。

> 軍事自体が外務省その他のマスコミ、経済界の情報と軍直接の情報とを総合し検討を重ねて判断すべきであったが、これが甚だ不十分であった。さらに軍内では作戦部の作戦計画策定要綱は

統帥の一貫性と秘密保持上と称して、情報部や後方運輸通信部と意見を交換することなく、これから出す作戦資料はせいぜい参考程度に一見する程度で、その取捨選択は作戦幕僚の主観に基づいてやるという有様であった。(中略) これらが作戦計画、開戦、事後の戦争指導の各時期において国際情勢、戦局推移の判断を誤らせたことは少なくないと思うのである。[31]

このような問題は中央だけでなく、部隊のレベルでも見られた。甲谷は一九三九年のノモンハン事件の際、関東軍の作戦立案者が第二課(情報)の敵情判断にまったくの信頼を置かず、独善的な作戦を展開したとして批判している[32]。さらに一九四二年には南方軍の情報課が作戦課に飲み込まれる形で一元化されてしまうという事態まで生じているのである。

また陸軍の情報部門に対する冷淡さは、当時最も洗練された情報教育機関であった陸軍中野学校に対しても同じであった。中野学校はそのパフォーマンスの高さとは関係なく「情報機関に冷淡なカルチャー」の中で、次第に埋没していったのである[33]。

本来、情報畑以外の人間が情報分析・評価を行っても、大抵は間違えるものである。その中でも決定的な判断ミスといえば、三国同盟の調印であろう。この時、外務省、陸軍、海軍までもが「バスに乗り遅れるな」の合言葉の元、当時の雰囲気だけで駛走してしまったのである。

第二部長を勤めた樋口季一郎(ひぐちきいちろう)元中将は、当時の情報に対する軍のメンタリティーを以下のように説明している。

大よそ情報収集の目的は、「事象の実体を客観的に究明する」にある。ところが日本人は主観を好む。主観は「夢」であり「我」である。これは己個人に関する限り自由であるが、我観及び主観を国家の問題に及ぼすにおいては、危険これより甚だしきはあるまい。[34]

この樋口のコメントは、現在でも傾聴に値するであろう。

ただし陸軍においては、ソ連情報だけは例外的に関東軍や参謀本部でも重宝されていたようである。戦中、関東軍情報部参謀であった西原征夫大佐は以下のように述懐している。

> 満州事変以後参謀本部及び関東軍に作戦万能の空気が強まり、情報は作戦から遠ざけられるようになったが、大正末期~昭和の初期の頃においては、作戦上重要な相手軍の集中判断の如き(情報部)第二部露班もこれに干与していたのであって、この点興味深いものがある。[35]

この点に関しては、神田も対ソ戦略策定に関しては情報部の意見が取り入れられ、作戦部と情報部が共同して計画を練ることが出来たと書き残している[36]。これは陸軍にとって対ソ戦略策定が早急の課題であったこともあるが、これまで述べてきたように、陸軍は対ソ情報には相当な資源を注ぎ込んでいたため、対ソ情報の専門家が育ち、また収集、分析能力も相当なものであったため、作戦部もそれなりに情報部を信用していたということである。

逆に言えば、一般に作戦部が情報部を軽視した理由は、作戦部に情報部の仕事が大したことはないと映ってしまったことであろう。確かに当時の情報部による報告には誰にでも集められるような公開情報を集め、それらを並べただけのものも少なくない。しかし情報業務とは本来そういった無駄な情報の断片を集める作業であり、その中から有効なインテリジェンスを抽出する作業なのである。しかしこの地味さこそ作戦部の嫌う分野の仕事であり、作戦部は作戦に合致しそうな生情報を入手しては、都合の良い情勢判断を行っていたのである。

役割分担の欠如

海軍にしてもこのような状況は同じであった。海軍軍令部第一部（作戦）は独自の情報網を持ち、部隊の偵察情報、特情、陸軍情報などを直接入手していたため、第三部（情報）との折り合いは良くなかった。

防衛研究所史料室に海軍が一九四〇年九月の北部仏印進駐に際して行った詳細な情報収集、分析の記録が残されており、当時の情勢判断がどのように行われていたのかがうかがえる。

当時、仏印（今のベトナム）は仏印ルートと呼ばれる補給線を利用して、日本と戦う蔣介石軍を支援しており、日本から見ればこのような援蔣行為が日中戦争を長引かせる原因に映っていた。この時、すでにフランス本国はドイツに降伏しており、イギリスもドイツとの空戦、バトル・オブ・ブリテンで苦戦している最中であったため、この時期に日本軍が仏印ルートを抑え、中国への戦略物資供給路を止めることが、日中戦争解決の近道であった。

また将来的に日本がイギリスと事を構えることになっても、仏印を前線基地として確保できれば、イギリスへの抑止力になる上、仏印は資源の供給源としても期待されていた。ここで、「北部仏印進駐」という戦略目標が生じたため、これを実現するために情報へのニーズが生まれたのである。

そこで日本海軍は北部仏印進駐に向けた情報収集を開始したのであった。まず海軍軍令部は状況判断のために、ヒューミント（現地派遣部隊からの報告、在外武官報告、ドイツとの交換情報、陸軍からの情報）、シギント（フランス、イギリス、アメリカ、ドイツ、中国の外交暗号解読情報）、そしてオシント（新聞などマスメディアからの公開情報）などを収集した[37]。

そして次にこれら情報の分析である。軍令部は国際法の観点から、日本軍の北部仏印進駐が引き起こす法的な問題点を洗い出していた。そこでは外交交渉によってフランスの承認を得るのか、もしくは武力による強引な進駐が良いのかが検討されている。その際、一番の問題は米英の動向であったが、イギリスは国の存亡を賭けた対独戦を戦っている最中であったので、仏印問題への干渉の可能性は低いと見られていた。従って問題はアメリカの出方であった。

軍令部の判断によると、「米が果たして全面的に禁輸を断行するや否やは、主観的判断に依る以外これを判決し得ざるも、この事たるや帝国にとり極めて重大問題なるを以って、卑しくもこれを誘発する懸念ある以上、対仏印武力行使に当たりては、予め米国の禁輸に対する対策を確立し諸般の準備を整うる事肝要なり」[38]と、アメリカの対応には非常に慎重であった。

また軍令部は、仏印に展開している部隊の戦力を最新鋭戦闘機二〇機、軽爆撃機一六機と見積もり、武力攻撃を仕掛けた場合、日本側にも相当の損害が出ることを予測していた。

そして情報分析の結果、武力を背景にした進駐よりも外交交渉によって平穏に進駐するのが良いという結論が導き出されている[39]。

一方、米英側も日本の外交暗号を解読しており、そこから日本が仏印に圧力をかけている事実を既知していた。しかしアメリカはこの年に大統領選挙を控えており、三選目を狙うローズヴェルト大統領は戦争への不介入を公約していたため、仏印問題への介入はきわめて難しい状況であった。

軍令部は通信情報によってそのような各国の窮状を見抜くことになる。アメリカに関しては進駐が、「米国を刺激すること少なく従って米は今日以上の禁輸を強化する算少なし。最後通牒を発し仏印全土を攻略する時は対日禁輸を強化する算大なり」と予測しており、イギリスに関しては「近く独の対英大攻勢開始せられんとする情勢にあるを以って、英は積極的に我が行動を抑圧し、為に帝国（日本）を独伊陣営に走らしむごときことは敢えてせざるものと認む」と判断しており、外交交渉によって北部仏印に進駐する場合、米英の干渉を受けないと結論付けたのである[40]。

このような軍令部の判断を裏づけるかのように、ハリファクス英外相は、ロシアン駐米英大使に以下のように書き送っている。

> 英政府は現状においては直接介入、あるいは飛行機及び軍需品を供給して仏印を援助する立場にあらざること明らかなり。[41]

海軍の特情部はこの英外交通信を傍受、解読していたため、北部仏印進駐がイギリスの介入を招くことはないという決定的な証拠を摑むに至ったのである。

そしてこれらの情報分析判断を基にし、日本は目論見どおり九月二二日には仏印側との現地協定を成立させて、北部仏印進駐を実行したのであった。

こうして見ると、日本の北部仏印進駐は事前の丹念な情報収集と分析の賜物であったようであるが、じつはこれら情報の収集、分析を行っていたのは情報部ではなく、作戦担当である軍令部第一部であった。この時、作戦課長であった中沢佑（なかざわたすく）大佐も、直接特情や現地報告に目を通して分析判断して

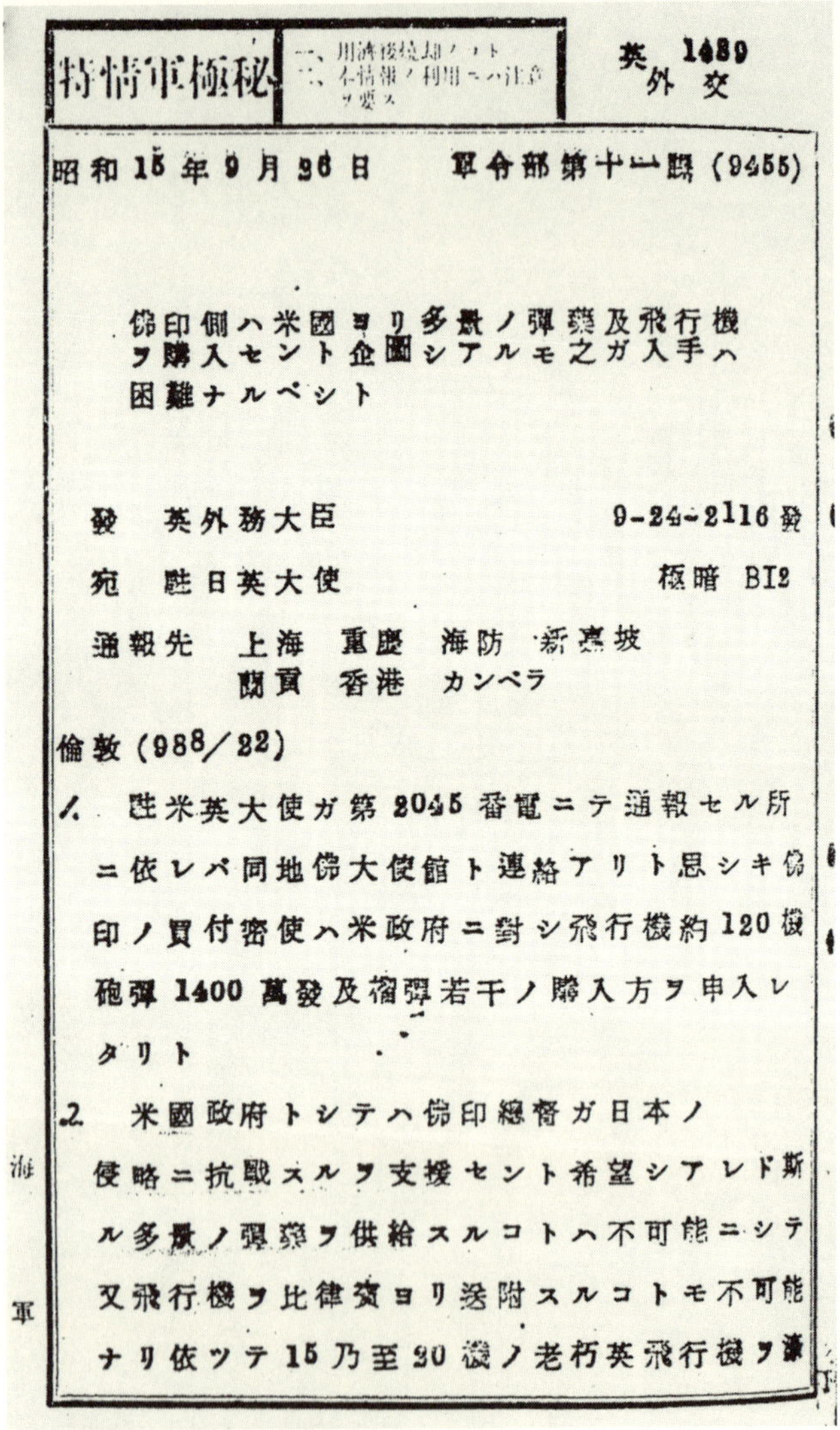
特情軍極秘
一、用済後焼却ノコト
二、本情報ノ利用ニハ注意ヲ要ス
英 1489
外 交

昭和15年9月26日　軍令部第十一課(9455)

佛印側ハ米國ヨリ多數ノ彈藥及飛行機ヲ購入セント企圖シアルモ之ガ入手ハ困難ナルベシト

發　英外務大臣　9-24-2116發
宛　駐日英大使　極暗 BI2
通報先　上海　重慶　海防　新嘉坡
　蘭貢　香港　カンベラ

倫敦(988/22)
1. 駐米英大使ガ第2045番電ニテ通報セル所ニ依レバ同地佛大使館ト連絡アリト思シキ佛印ノ買付密使ハ米政府ニ對シ飛行機約120機砲彈1400萬發及榴彈若干ノ購入方ヲ申入レタリト
2. 米國政府トシテハ佛印總督ガ日本ノ侵略ニ抗戰スルヲ支援セント希望シアレド斯ル多數ノ彈藥ヲ供給スルコトハ不可能ニシテ又飛行機ヲ比律賓ヨリ送附スルコトモ不可能ナリ依ツテ15乃至20機ノ老朽英飛行機ヲ濠

海
軍

海軍が解読した英外務省の暗号電信。左は原文
(「仏印問題経緯(其の二)」防衛研究所史料室蔵)

JT FILE 419

F 4204/5429/61.

DISTRIBUTION "B".

To JAPAN.

Cypher telegram to Sir R. Craigie, (Tokyo).

Foreign Office, 23rd September, 1940. 5 p.m.

No. 988.

In his telegram No. 2045 His Majesty's Ambassador at Washington reported that Indo-China purchasing emissaries with whom French Embassy appear to be conniving had asked United States Government for about 120 aeroplanes, 14,000,000 rounds of S.A.A. and some shells.

2. United States Government wanted to give Governor-General support in resisting Japanese encroachment but could not supply such quantities of ammunition and no aircraft were available from the Phillipine Islands. They have therefore suggested that Australian Government should spare 15 to 20 oldish British machines to be replaced as soon as possible from American stocks. Australian Minister is passing on suggestion to Commonwealth Government but is not hopeful of acceptance.

Repeated to Shanghai No. 995, Chungking No. 117, Haiphong No. 20, Singapore No. 973, Rangoon No. 868, Hong Kong No. 121, His Majesty's High Commissioner, Canberra, No. 311.

Cypher telegram to Sir R. Craigie, F0371/24719, PRO

いる[42]。

さすがに「ベスト・アンド・ブライテスト」を集めた作戦部だけあって的確な状況分析だと言えるが、インテリジェンスの観点から見ると、これはやはり問題である。本来、作戦部は「北部仏印進駐」という戦略目標を決定した時点で、その後の情報収集、分析は情報サイドに委ねるべきであったのだが、結局、作戦部がこのインテリジェンス・サイクルの全過程を請け負っていたのである。この時、情報部の任務は、特情や新聞の切抜きといったインフォメーションの類を作戦部に提出することでしかなかった。

空母サラトガを四度撃沈?

この北部仏印のケースでは上手くいったが、作戦や政策部局が情報をあつかいだすとどうしても目的にあった情報収集、分析を行ってしまうので、客観的な状況把握ができなくなってしまうケースが多くなる。そしてそのような事例は、太平洋戦争中に頻発するのである。

例えば一九四四年四月、海軍情報部は米軍の侵攻目標がサイパンを中心とするマリアナ諸島であり、その時期が五月から六月であると判断していた。この状況判断は的確なものであったが、作戦部の一般的な判断は、米軍のフィリピン攻略と北部ニューギニア、西カロリン諸島への侵攻という情報部の判断を無視したものであった。そして実際は情報部の判断の方が正しかったわけである。

当時を回想した中沢佑元作戦部長の感想は、「マリアナはいずれ来るであろうが、六月に来るとは思っていなかった」というものであり、作戦部一課長の山本親雄(やまもとちかお)大佐も「マリアナは全然来ないとは思われていなかったが、あれほど早く来るとは考えていなかった」というものであった[43]。確かに作戦部には優秀な人材が揃っていたのであろうが、本来、作戦と情報はまったく別の領域であるので、作戦部が情報分析、情勢判断を行っても、それは素人的な判断となりがちになる。

この種の問題で有名なのは、台湾沖航空戦における戦果誤認であろう。台湾沖航空戦とは一九四四年一〇月一二日から一六日まで行われた日米間の航空戦であり、この戦いで日本側航空戦力は大打撃を被ったわけであるが、大本営は現場からの報告をそのまま鵜呑みにしてしまい、空母一九隻（本作戦に参加した米空母は一七隻）、戦艦四隻を撃沈、撃破と発表、日本中を勝利に沸かせたのであった。もしこの戦果が本当であれば、西太平洋における米空母部隊はほとんど壊滅したことになるが、実際に撃沈された空母は一隻もなく、この過大な戦果は現場の未熟な搭乗員の報告と、それを受け取る指揮官が確認作業を怠ったことによるものであった。

これに対して特情部の通信傍受記録や戦況報告によると、敵空母、戦艦はともに健在であることが明らかであった[44]。さすがに第二航空艦隊司令長官、福留繁中将をはじめとする中央の幕僚たちはそこまでの大戦果を真に受けていなかったが、それでも空母四、五隻は撃沈したと考えていたようであり、そのような判断から引き続き、日米の艦隊決戦と位置づけられていた捷一号作戦を発動、その結果、日本海軍はレイテ沖で壊滅的な損害を被ることになるのである[45]。

逆に言えばこのような情勢判断の曲解は、米海軍との決戦である捷一号作戦発動の必要性から生じたものであると言う事ができる。捷一号作戦を実行するためには、米空母が健在であってはならず、極端に言えば、何隻か撃沈されていないと作戦が発動できない、という心理が働いていたのではないだろうか。

このような作戦部の思惑に対して、海軍情報部は台湾沖航空戦の戦果判定には慎重であり、実松は

「われわれは少なくとも空母と戦艦は一隻も沈んでいないと判断していた」と述懐している[46]。しかし例に洩れず、このような情報部の判断が省みられることはなかった。連合艦隊参謀、大井篤元大佐はこの時の様子を以下のように記している。

（軍令部第三部五課）課長（竹内馨大佐）と先任部員（実松）が興奮した口調で、こもごも語るのであった。「作戦部の連中はけしからんよ。こっちのいうことはひとつも聞かないで、アメリカの機動部隊が壊走などとは気違（ママ）いのいうことだ。その気違（ママ）いがのさばっているから、手がつけられないんだ。（略）」いつも情報を無視する作戦部に対する憤りを、いまいっぱいブチまけている形であった。[47]

このような作戦部と情報部の意見の相違は、終戦が近づくにつれてピークに達する。作戦部は台湾沖航空戦に見られたような前線部隊からの過大な戦果を基に日本に侵攻してくる米軍の戦力をはじき出し、情報部は通信情報や米側の公開情報を基にインテリジェンスを生産していたため、つねに情報部の判断は作戦部よりも米軍の規模を大目に見積もることになる。しかし情報部の情勢判断は、軍の士気に影響するという理由から受諾されなかった[48]。

また情報部が、神風特攻隊による戦果報告などを控えめに算出すると　作戦参謀からは以下のような批判が出てくる。

情報部の奴等は、作戦の現場にいたわけでもなく、戦果の実際を見たのでもないのに、作戦部隊の報告を無視するような戦果を云々するのはけしからん。[49]

恐らく、空母や戦艦の撃沈判定に関しては、情報収集さえきちんとできていればそれほどむずかしいことではない。通信傍受や新聞などによって、「撃沈された」はずの艦船が行動していることがわかれば戦果誤認は明らかであろう。作戦部の状況判断によれば、米空母「レキシントン」は六回、「サラトガ」は四回も撃沈されたことになっており、そのあまりの杜撰な報告に天皇は「サラトガが沈んだのは今度でたしか四回めだったと思うが」と及川古志郎（おいかわこしろう）軍令部総長に苦言を呈すありさまであった[50]。

3　情報部の役割

深刻なセクショナリズム

陸海軍の作戦部が直接自らの手で情報を扱い、情報部からの報告に耳を傾けなくなるような状況において、一体情報部には何が期待されていたのであろうか。当然それは、情報を集めてくることであった。しかしここで言う「情報」とは「インフォメーション」であり、データの類である。要は作戦部の「情勢分析・評価」のために外国の新聞を翻訳したり、新聞などを切り抜いて、作戦計画策定用の調査資料をストックしておくのが情報部の務めであった。情報部の本来の任務は、「内外諜報の収集及び審査」であったはずなのだが、いつの間にか「審査」の領域が作戦部に移っていたと言えよう。

既述したように北部仏印進駐の際、情報部は在外武官からの報告や特情部からの通信情報を右から左に流すだけの存在であり、情報部が情報分析を行って報告することまでは要求されていなかった。本来、この情報部こそが情報を集めて分析し、「インフォメーション」を「インテリジェンス」に加工しなければならないのだが、ここではそのような役割をまったく期待されていなかったのである。

軍令部第三部八課長（英情報）を務めた中堂観恵元大佐に拠れば、「第三部は海軍軍令部、海軍省において何の影響力も持たなかった。誰もが情報は大切だと思っているにも関わらず、我々が提供する貴重な情報の数々は、おざなりにされるか無視されたのであった」[51]と述べており、また同じ情報部の実松譲元大佐も「戦争中の日本海軍ぐらい情報を軽視したところはあまり類例がないだろう。開戦初頭の真珠湾作戦は別だが、その後は、情報部はあってもなくてもいい存在であった」とそれぞれが情報部に対する海軍の冷遇ぶりを洩らしているのである[52]。

このように海軍における情報部の地位は決して高くなく、特情に見られるような高度な情報収集能力については宝の持ち腐れのような感があった。そもそも作戦部と情報部の繋がり自体が疎遠になっており、軍令部第三部の今井信彦中佐は、「情報部は課長と実松大佐以外は作戦部との連絡はなかった」と書き残している[53]。

結局、陸海軍における情報部の立場は似たようなもので、どちらも冷遇され、作戦部門からは距離を置かれていたのである。しかも同じような立場にあったお互いの情報部同士もまた意思疎通のできない関係であった。

例えば既述したように、陸軍の暗号解読班は米国務省の一番強度の高かったストリップ暗号を解くのに成功しているが、その解読法を米軍の正面に立つ海軍に教えなかったという逸話がある。しかも一九四五年になって初めて陸軍の暗号解読班が米軍の機械暗号の解読法を海軍に伝えた所、参謀本部が不快感を露にしたという話まであり、ここでも陸海軍の深刻なセクショナリズムを見て取ることができる[54]。従って陸海軍の情報部同士が連携してインテリジェンス活動を行うのも難しい状態であった。

「インテリジェンス」と「インフォメーション」の混同

さらに問題は、生の情報や、加工された情報の流れが理路整然としておらず、いきなり生情報が上に報告されることもあった。これは情報部が生情報や、加工された情報の流れをコントロールできていなかったことに起因する。そして政策決定者がインフォメーションを報告されても、自分の専門外や意図していなかった情報が報告される場合、そのような情報報告は意味をなさない。機微な情報が有効に機能するためには、適切なタイミングで適切な部局に報告されなければならないのである。しかし陸海軍の情報部が苦手としたのはまさにこの領域であった。

終戦近くになると、参謀本部は南方情報を北のハルピンから報告される「哈特諜(ハルピン情報)」に頼るようになるが、これも生の情報がそのまま報告されており、きわめて危険な状態であった。なぜなら既述したように、ハルピン情報はソ連の偽電情報の可能性が高かったためである。対ソ情報のエキスパートであった甲谷は以下のように述べている。

ノモンハン事件発生当時(一九三九年)は、既にそれ(哈特諜)がソ連側の「偽情報工作」であることに気がつき、警戒的にこれを取り扱う傍ら、「偽情報工作」の特質上、当然その中に含まれるはずの「真情報」の識別索出を目的としてのみ、この情報工作を継続していたものである。しかるにハルピン陸軍特務機関から提出される「哈特諜」は、素人の眼を惹きつけ易い特殊の様式を以って「極秘扱」と指定されていたため、前述の事情を知らぬ参謀本部ロシア班以外の者には、それがわが方の無線諜報機関の傍受解読情報であるかのごとく誤解され易かったのである。[55]

このように哈特諜は情報の専門家が見ればそれは偽情報であったが、それが「極秘」と判を押されて他の部局に回ると、極秘情報となってしまうのである。これが生データの恐ろしい点であった。

通信情報も相手の暗号通信を傍受・解読できたというだけでは不十分である。それがいかに決定的に見える情報であっても、それは生のデータなのである。従って通信情報なども人的情報や文書情報などと照合し、加工して初めてインテリジェンスとなるのだが、陸海軍ではこの点があまり理解されていなかった。

恐らく当時、「情報」を「インテリジェンス」の意味で捉えていたのは、陸海軍の情報部だけであった。情報部にとっての「情報」とは分析、加工された後の情報のことである。しかし作戦部などから見た場合、「情報」とは「インフォメーション」であり、生情報のことであった。彼らに言わせれば、情報部はデータの類を集めて持ってくれば良いのである。そして作戦部が作戦立案のためにそれらのデータを取捨選択すれば良かった。すなわち作戦部と情報部の対立の根源は、「情報」という概念をどのように解釈するかであり、双方が対立した場合、力関係から作戦部の意見が通るのは当然であった。

現在残されている「状況判断資料」を見ても、作戦部には膨大な生情報の要約が毎日のように報告されている[56]。これらの生情報を情報部で抽出、加工し、作戦部に報告していれば、太平洋戦争の趨勢も少しは変わっていたのかもしれない。例えば、台湾沖航空戦一つとっても、「壊滅」したはずの米艦隊が健在であることがわかれば、その後の捷一号作戦の発動も微妙なものになっていたであろう。

他方、イギリスにおいては内閣官房の中に合同情報会議（ＪＩＣ）という情報のダムを作り、そこで情報の流れを整理していた。チャーチル首相は例外的に、生情報を毎日報告させるようにしていたが、それはチャーチルからのリクワイアメントがあったからであり、またチャーチル自身に生のデータを読み解く能力があったからである。従って緊急の事態でもない限り、生のデータが情報カスタマーまで届くということはあり得ない。現代のわれわれにとっても、外国の現状を知るために衛星写真を眺めたり、明日の天気を知るために気圧配置を見て、何らかの結論を導くことはむずかしい。われわれに必要なのは、加工された情報、すなわち海外に関するニュースであり、天気予報なのである。

インテリジェンスが有効に機能するためには、組織間の水平的協力関係と情報の共有が不可欠である[57]。しかし軍隊の組織的構造上、この問題を解決するのは困難であり、結局陸海軍における情報部の地位は低いままであった。

またこの問題は、陸海軍が組織的な情報収集をあまり行わなかったこととも密接に関わっていた。情報任務は地味で昇進に繋がらない、しかも情報一筋でやっていこうとしても頻繁な人事異動によってなかなか専門家が育たない、という環境にあっては、情報業務へのインセンティブが上がらなくなり、よほど意欲的な人間しか情報をやらなくなるのは当然である。その結果、情報業務は細々とした個人レベルの作業となり、他部局からは見向きもされなくなってしまう。

これは陸海軍が情報業務に対する長期的な処遇やキャリアパスを考えず、情報を一時的なポストとして扱っていたことが、根源的な原因であったと言えよう。

第五章

情報の利用——成功と失敗の実例

1　戦術レベルにおける利用

これまで陸海軍における情報の収集、分析の過程を概観し、それぞれの問題を検討してきた。恐らく陸海軍において情報収集、分析の過程は機能していたが、情報サイドと作戦サイドの非対称な関係によって、必ずしも的確な情報収集と分析が、作戦や政策に結びつかなかったということが理解できる。しかし北部仏印進駐の例に見られるように、作戦部が上手く情報を利用して作戦を成功させた例もいくつかあり、そのような例は中国戦線、そして太平洋戦争の緒戦では顕著である。ここではそのような情報の運用に成功した事例を検討していく。

成功した事例

戦場における作戦情報の類は、作戦サイドの情報ニーズが明確である上、戦闘中に得られた情報をそのまま前線にフィードバックするために、情報の収集から利用にそのままダイレクトに繋がることが多い。このような戦術レベルの情報は、短期的または戦術的インテリジェンスとも捉えることができる。

この現象は理論的に、情報（インフォメーション）の入手と利用の間の時間差が縮小すれば、そこに介在する推測やイマジネーションの量も減少する[1]、という一般的な説明があるが、日本軍の場合、特にそのような現象が顕著であった。そして作戦情報は戦闘の勝敗という形ですぐに結果が見えるため、情報業務も作戦の一部であるという認識が高まり、作戦と情報の連携が取りやすくなるのでである。

例えば北支那方面軍参謀においては、「各指揮官に対し平素より充分情報に関心を持つ如く指導し、討伐に際しては直接的戦果と共に必ず情報的成果を得て併せ報告する如く指導せば情報勤務は一層精彩を生じ、討伐は一層能率的となり且つ事後の作戦に資すること少なからずと信ず」[2]と考えられており、少なくとも戦術レベルにおけるインテリジェンスの有効性については認識されていた。

他方、戦略・政策レベルの情報は、戦略や政策への必要性から情報ニーズが生まれ、これを受けて情報サイドが情報を収集、分析を経て生みだされたインテリジェンスはまた戦略・政策サイドへとフィードバックされる。これはいわば中、長期的情報と考えることが出来る。このように情報入手と利用の間の時間差が開くと、その過程は複雑なプロセスを経るため、既述してきたように一元的に情報を集約する組織がないと、政策決定者の主観や推測が混じったり、組織間の軋轢などによってどうしても情報の鮮度が失われ、貴重な情報が途中で霧散してしまう。さらに中長期的なトレンドにおいては、情報がどのような働きをするのかといった過程が分かりにくい。

これに関して北岡元は次のように説明している。

軍においては、「戦争に勝つ」とか「戦闘を有利に進める」といった形で、明確な目標があるために、司令官はリクワイアメントを明確にしやすい。

しかし軍においても、レベルが戦術からさらに戦略へ上がるに従って、また軍のみならず外務省やトップの指導者も巻き込んで、政策レベルの話になるとますます目標は漠然として、それに伴いリクワイアメントも不明確なものとならざるを得ないのである。[3]

戦場において「作戦のための情報」は情報のカスタマーにまで届く可能性が高く、特に前線では中央が手に余していた通信情報が重宝されていた。以下では戦場において情報がどのように利用され、その結果戦闘の帰趨にどのような影響を与えたのかを見ていく。

(1) 作戦戦闘における通信情報

関東軍特種情報部長であった大久保俊次郎元大佐の記録によれば、関東軍の特種情報班の通信情報は一九三七年六月の乾岔子(カンチャーズ)事件、一九三八年七月の張鼓峰(ちょうこほう)事件、さらに翌年五月のノモンハン事件といったソ連との国境紛争問題に寄与していた。

乾岔子事件は、一九三七年六月に勃発したソ連との国境紛争であり、日本、ソ連両国が黒龍江上流の中洲をめぐって対立、武力衝突にまで発展した事件である。この時、関東軍情報部は特情班に対して、ソ連国境警備隊の通信を傍受、解読し、以下の二点を調査するように命じた。それらは、①ソ連側の進出が、現地部隊の独断によるものなのか、もしくは中央の指示によるものなのか、②この事件に乗じて赤軍空軍が出動してくるのか、というものであった。小原豊大尉率いる黒河特情班は早速、ソ連国境警備隊と赤軍暗号を傍受、解読し、ソ連側の狙いが不透明ながらも、事件は現地部隊の独断によるもの、赤軍空軍は出動しない、そしてソ連の中央が事件拡大を望んでいないことなどを報告した[4]。東京の参謀本部では、当時「軍艦轟沈」など情報が入り乱れて混乱していたため、このような特情によって参謀本部は現地の状況を把握することが出来たのである[5]。

張鼓峰事件は一九三八年七月上旬に生じた、満州国とソ連の国境紛争である。七月六日、関東軍特種情報機関はソ連国境警備隊の通信を傍受、解読し、ソ連側が国境未確定の張鼓峰付近に兵を進駐させようとしていることが明らかになった[6]。そしてこの特種情報は東京の参謀本部と朝鮮軍に通報され、その結果、張鼓峰へ偵察班が送り込まれ、迅速にソ連軍の進駐が確認されたのである。なお東京の参謀本部第一八班（特情）もこの通信を傍受していたが、ノイズが多く解読には至らなかった[7]。

七月三〇日に日ソ間で戦闘が開始されるが、特種情報機関はソ連赤軍暗号の一部を解読していたため、特情はソ連側機甲部隊の展開状況などを明らかにしていた。このようなシギントの助けもあり、航空部隊と機甲部隊を有していなかった日本軍は、機甲部隊、航空兵力を擁し、倍以上の兵力を有したソ連軍部隊に対して互角以上の戦果を挙げることができた。

その翌年五月にもソ連との国境紛争であるノモンハン事件が生じる。第一次事件は六月までに収束し、日ソ双方の軍は一旦撤退していたが、新京の特種情報機関は、ソ連軍が兵を動員している様子を傍受していた。この時期、特情機関は国境警備隊暗号と赤軍暗号の一部、赤軍空軍連絡用暗号などを解読することができたのである。そして六月中旬に再びソ連軍が侵攻してきたのにともない、特情機関も特情班（通訳官、通信手五名）を編成して戦場に赴き、司令部の脇に通信傍受機器を設置してソ連側の暗号解読に努めた。その結果、特情からソ連軍の配置や作戦計画などを入手することができ、また方位測定によってソ連側司令部の位置を突き止めることができたのであった[8]。

張鼓峰もノモンハンもソ連側の兵力が圧倒的であったため、日本側が勝利することは最初から困難であったが、少なくともこれら通信情報が戦局に寄与していたことは事実である。関東軍情報主任参謀であった甲谷悦雄大佐の回想によると、国境警備隊の暗号解読情報によって、国境警備隊の配置、編成、一部航空部隊の配置と行動が把握できるようになったそうである[9]。また暗号化されていない平文の傍受などによっても、ソ連国内の鉄道運行状況などが明らかにされ、これらの材料はヒューミントと照合することにより、有力なインテリジェンスの基となっていた。

このような作戦行動における情報の利用は、対中戦においてはさらに顕著であった。例えば、一九四一年五月から六月にかけて戦われた中原会戦（中国名「晋南会戦」）は、徹底した特情の収集が作戦に結びついた好例であった。この戦いは中国軍（二六個師団）と日本側北支那方面軍（六個師団、二個混成旅団、一個騎兵旅団）の激突であり、数的劣勢にもかかわらず、日本軍は中国軍主力を捕捉、撃滅することに成功している。この戦いで中国側は捕虜三万五〇〇〇、遺棄死体四万二〇〇〇人を数えたが、日本側の損害は戦死者六七二名、負傷者二二九二名にとどまった[10]。

この戦闘の直前、方面軍の作戦課と情報課の間で議論が交わされ、事前に偽情報を流す欺瞞行動が行われることになった。この作戦は、中国側にさまざまな偽情報を流すことによって中国軍を混乱させ、相手に通信を利用させることが狙いであった。戦闘開始にともない、偽情報が流布されると、中国側は情報課の意図通りに混乱し、その様子が特情によって日本側に伝えられていたのである。そして中国側の内情が情報課から作戦課へと伝達され、その情報を基に日本軍は攻撃を開始し、中国軍を敗走させることに成功している[11]。

この戦闘の直後、北支那方面軍司令部は「情報勤務に関する教訓」をまとめている。それによると、「諜者による情報収集は極めて困難にして今次会戦においても痛感せらるる所なり」としながらも、「特情は本作戦において最も有効にその価値を発揮せり。作戦開始後迅速なる戦況の推移と通信連絡の困難性とは著しく情報収集を困難ならしめ、辛うじて航空部隊の活動により断片的情報を得るに過ぎず、敵情に関し迅速かつ的確なる情報入手並びに時として友軍の状態をも明確にし得たるは、すなわち特種情報班の活動に拠りてと言うも過言にあらず」との評価であり[12]、戦闘活動における通信情報の威力が改めて認識されたのであった。

以上見てきたように、日本軍が中国軍に対して有利に作戦を進められた要因の一つに、通信情報の効果的な運用があった。陸海軍は戦術レベルにおける通信情報の利用に関しては理解していたようであり、それらは右記のようなテキストに纏められて教育にも生かされていたのである。

(2) 作戦戦闘における人的情報

日中戦争においては通信情報が有効に使われたが、対米英戦となるとその暗号レベルの高さから、通信情報に加え人的情報や公開情報も多用される。

おそらくこの戦術的情報運用の最たるものが、真珠湾攻撃作戦であろう。この作戦は山本五十六（やまもといそろく）連合艦隊長官直々の命を受け、徹底した情報収集と機密保持を基に綿密な作戦計画と訓練が行われ、そしてその作戦意図を最後まで隠し通した、日本海軍による戦術的インテリジェンスの金字塔であった。

一九四一年一月下旬、山本は第一一航空艦隊参謀長、大西瀧治郎（おおにしたきじろう）少将に真珠湾攻撃の作戦計画案の立案を命じている。このようにトップが明確な作戦計画を指示すれば、その参謀達は綿密な作戦計画と情報収集を行うようになり、インテリジェンス・サイクルが機能し出すのである。

そして海軍はハワイにおける情報収集に力を入れることになる。最も有名なのは外務省書記生、森村正としてホノルルで活動していた、軍令部第三部五課（対米情報）の吉川猛夫少尉であろう。吉川は健康を害していたために予備役として情報部に所属していたが、急遽ハワイでの情報活動役に抜擢されている。

吉川は日本国内で数ヵ月の訓練を受け、一九四一年三月からハワイで活動することになる。吉川は米太平洋艦隊が錨地としている真珠湾やヒッカム・フィールド航空基地など米軍の拠点を観察し、その配備状況などを克明に記録していた。吉川がＦＢＩなどの防諜機関に拘束されなかったのは、無線による情報報告を避けたことが大きい。吉川の場合は一〇月にハワイへやって来た軍令部第三部五課の中島湊(なかじまみなと)少佐に、外務省の喜多総領事を通じて詳細な記録メモを手渡している。

また一九四一年一〇月には横浜―サンフランシスコを往復する商船、龍田丸、横浜―ホノルルを往復する大洋丸に海軍士官を搭乗させ、機動部隊の航路や真珠湾の様子などが調査された。この調査はかなり綿密に行われており、現地での観察や聞き込みによってハワイ方面の詳細な情報が集められている[13]。

当時連合艦隊は、米太平洋艦隊がオアフ島の真珠湾とマウイ島のラハイナ泊地のどちらを利用しているかを量りかねていたが、上記の情報活動によってラハイナは使用されていないことが明らかになり、攻撃目標を真珠湾に絞ることが出来た[14]。日本海軍は吉川の他にも、前述のラットランドやクーンを使ってハワイでの情報収集活動を行っていたが、彼らの真珠湾攻撃に対する貢献については明らかではない。さらに東京では通信情報によって真珠湾に停泊する艦船の状況も逐一把握されていたし、真珠湾までの航路や天候も徹底的に調査されていた。

軍令部はこれらの情報を集約、分析し、連合艦隊司令部における真珠湾攻撃計画に反映した。また作戦に関する機密保持も徹底しており、海軍の幕僚の中でも計画を知るものはほんの一握りであり、攻撃目標が真珠湾であることは首相をはじめ、陸軍、外務省などに知らされることはなかった。このような企図の徹底的な秘匿もあり、連合艦隊は奇跡的に真珠湾攻撃に成功したのであった。繰り返しになるが、真珠湾攻撃の成功は、トップからの情報要求に始まる綿密な情報収集と分析、そして機密保持に拠る所が大きかったのである。

陸軍もこのような戦術的インテリジェンスの利用に関しては長けていた。この例としては、一九四二年二月一四日に敢行された日本軍によるパレンバン降下作戦をあげることができる。この作戦は、陸軍の落下傘部隊三二九名がスマトラ島のパレンバン製油所を強襲、無傷で制圧したという作戦であるが、この見事なまでの作戦の裏にはやはり周到な準備があったのである。

まず一九四一年四月、陸軍参謀総長杉山元（すぎやまはじめ）大将から、陸軍中野学校幹事、上田昌雄（うえだまさお）大佐に対してパレンバン攻略計画策定のための情報収集が命じられた。これが情報のリクワイアメントにあたる。

そして上田は中野学校長、川俣雄人（かわまたおさと）少将、同校の岡安茂雄（おかやすしげお）教官（統計学が専門）とともに、まず文献による調査を開始し、石油資源の分布、産出量、開発予定地、主要各国の需給状況、石油資源外交、採油、精製、運搬、貯蔵設備などの内容について調べ上げることになった。そして採油及び精製施設について実態調査を行うために、新潟地方油田に赴いて実地調査を進め、さらに民間会社からパレンバン製油所の航空写真を入手することにも成功している。これらのデータは中野学校において分析され、目標の早期発見方法、製油所構内の配置、守備隊の配置などを詳細な報告書にまとめ上げ、参謀本部に提出されたのである[15]。

このように陸軍上層部のリクワイアメントがあり、インテリジェンス・サイドが情報を収集、分析し、その結果をカスタマーに報告して、それが作戦実行部隊である南方軍第一挺進団に利用され、一連のインテリジェンス・サイクルが完結するのである。

またマレー侵攻作戦においても、台湾軍研究部が中心となって、台湾総督府や台北大学、南方協会（十数年前から南方調査を続けていた）と協力してイギリス軍の軍事状況、地誌情報、衛生防疫などを調査し、これを基にして海南島で上陸訓練が行われていた[16]。

戦術レベルにおける情報運用は、まず情報収集の目的が明確であり、目先の作戦に利用されるため、作戦と情報が密接に関連しながら活動を行うことが比較的容易であった。さらに緒戦の場合は時間的な余裕があるため、比較的落ち着いて情報分析、状況判断ができた。恐らく日本軍はこのような短期的インテリジェンスの運用には向いていたのであろう。

2 主観と偏見——情報の落とし穴

(1) 連合軍（主にイギリス）の対日イメージ

太平洋戦争の緒戦における日本軍の成功は、効果的な情報収集とその運用に加え、連合軍が日本軍を過小評価していたことも大きい。米英におけるインテリジェンス研究は、後者の原因を過度に強調する傾向がある。これは太平洋戦争の緒戦において連合軍が敗北したのは、日本軍が優秀だったというよりも連合軍側が油断していたからだ、という分析である[17]。

これは確かにある一面においては真理であろう。敵軍に対するイメージ形成の問題は興味深いものがある。シンガポール陥落の直後、英陸軍は敗戦の原因を調査し、以下のように報告しているのである。

ヨーロッパ水準の装備を備え、同時にアジア地域で作戦戦闘が行える日本軍は初めから優位に立っていた。その上、制空権を確保し、地上では数の上でも有利であり、英戦艦（プリンス・オブ・ウェールズとレパルス）を撃沈することによって海上輸送ルートも確保していた。すぐに明らかになったのは、この作戦が詳細まで練られ、部隊はそのために訓練され、装備も最新のものであったということである。現地の住民は我々を妨害し、日本軍を助けた。日本軍は詳細な地誌情報も有し、我々の部隊に関する情報も完璧であった。

逆に我々は日本軍に関する誤った情報しか持ち合わせていなかったのである。[18]

イギリスは極東での敗北の原因を、日本軍に関する誤った情報しか持ち合わせておらず、そこに良く訓練された日本軍が攻め込んできたため、敗北を喫したと判断していた。それでは戦争前、イギリスはどのような対日情報を有していたのであろうか。

当時のイギリスの日本軍に対する観測は、一様に日本軍を過小評価したものであった[19]。まず英陸軍情報部（ＭＩ２）は、日本陸軍はアジア地域で戦うために訓練されている部隊であると考えていた。情報部のレポートは、「日本軍は近代戦で一級国と戦ったことがなく、現在においても彼らの部隊は、貧弱な装備しか持たない中国軍との戦争を想定して訓練されている」[20]と断定している。従って英陸軍は、日本軍が中国で勝っているのは日本陸軍が中国軍と戦うために訓練されているからであり、英軍を相手に戦った場合、日本軍はいずれその馬脚を露すだろうと考えていた。日本軍は書類上の装備は整っているが、実際に戦えば大したことはない、というのが陸軍内の大方の予想であった。

ＭＩ２は最終的に、日本陸軍は強敵ではあるが英仏など西欧の一級国の陸軍にはかなわないと結論づけ[21]、また在日英武官は、日本軍の砲撃の精度が英仏の八〇パーセントほどのレベルで、歩兵は全体として七〇パーセントに満たないレベルであり、今だに精神論で近代戦に勝つつもりだ、と報告している[22]。

英海軍情報部（ＮＩＤ）の日本海軍に対する評価はさらに興味深い。英海軍省の試算によれば、日本海軍は一九四一年までに極東海域で一〇隻の戦艦、一〇隻もの航空母艦を持つと推定されており、この試算はおおむね正しかった[23]。そしてこの数字は極東における英海軍の規模をはるかに上回るものであり、英海軍は極東海域に二隻の戦艦を送るだけで精一杯であった。従ってＮＩＤはこの困難な戦略的状況に直面して、突破口を見つける必要性に迫られていた。

一九三五年、在日英武官、Ｊ・Ｇ・Ｐ・ヴィヴィアン大佐が、日本海軍、そして日本人の国民性について興味深いレポートを提出している。彼は日本海軍の規模や効率性といった軍事的側面よりも、日本人の性質から海軍の力量を割り出そうとしており、以下のように報告している。

まず、日本人は頭の鈍い人種である（中略）。日本人は自分の専門領域に関しては詳しいが、それ以外のことに対しては疎い。海軍の上級士官に対する訓練も特化されすぎており、一般の知識を身に付けられておらず、これでは上手く戦えないはずだ。（中略）私は、このような日本人が優れた船を造り出すとは信じられない。戦争などは到底無理だろう。[24]

このレポートもなんら客観的なデータが用いられたわけではなく、ヴィヴィアン大佐の個人的な見解を述べたものであったのだが、他に日本海軍に関する包括的なレポートがなかったため、海軍省はほとんど無批判にこのレポートを受け入れてしまった。さらに重要なことに、この一九三五年のヴィヴィアン報告から戦争に至るまで、日本海軍に関する包括的な分析内容は更新されておらず、最後まで英海軍はこの報告書を頼りに対日戦略を立てることになるのであった[25]。

このような情報を受ける側の帝国防衛委員会（ＣＩＤ）は、日本海軍の効率性は各種訓練、専門家の不足により英海軍の八〇パーセントであると試算している[26]。さらに日本の軍港の稼働率なども対英国比八〇パーセントであると報告されているが、これら八〇パーセントという数字には何の根拠もなかった。このように英海軍の一般的な日本海軍のイメージといえば、「陳腐な戦艦の寄せ集め」というものであった。これは日本がつねに西洋の造艦技術に頼っており、独自の技術で船や兵器を造ることはあり得ない、と信じられていたからである。英海軍にとって、日本がイギリスよりも質的に優れた艦隊を持つことは受け入れがたいことであった。そして日本海軍の能力を低く見積もることで、量的な劣勢は埋められることになる。

一方、一九三九年から駐日米海軍武官を務めたスミス＝ハットン少佐は、東京のテニスクラブで知り合った医学生から、日本海軍の最新兵器であった九三式酸素魚雷の情報を得ていた。日本海軍は医務官の確保のために、医学生に海軍の演習などを見学させていたという。この話をきっかけに、スミス＝ハットンは魚雷についての調査を進め、その魚雷が米英海軍のものよりもはるかに優れていることを突き止めた。

一九四〇年四月にスミス＝ハットンは米海軍情報部に酸素魚雷についての詳細なレポートを送っている。しかし本部における専門家の意見は、「なぜ日本がわれわれに作れない酸素魚雷を持つことができるのか」というものであり、以後、この情報については見向きもされなくなった[27]。その結果、一九四二年二月のスラバヤ沖海戦で米艦船が酸素魚雷によって撃沈された際にも、その原因が潜水艦による近接攻撃だと信じて疑われず、終戦近くまで酸素魚雷の存在が知られることはなかったのである。

こうして見ると、英米海軍の情報当局の日本海軍に対するイメージは、偏見に満ち溢れたものであったことがよく判る。

さらに日本の空軍力に対する評価は以下のようなものになる。英海軍情報部の報告書によれば、「日本の航空機は、我々のものよりも劣っており、このような性能の悪い航空機が現在も日本で生産されている。（中略）またパイロットは、攻撃、偵察能力とも英空軍（ＲＡＦ）のパイロットよりも劣っているようである」[28]と、日本軍の空軍力を軽視するものであった。英空軍も極東においては海軍と同じく日本軍に対する数的な劣勢にあり、空軍力の質的優位を強調するようになったようである[29]。英海軍は一九四一年に日本の航空戦力のレベルをイタリア空軍と同等かそれ以下、と捉えていた。

また英空軍情報部（ＡＩＤ）も日本の航空戦力を過小評価する必要性に迫られていた[30]。ＡＩＤは極東に五五六機の航空機が必要であると報告していたが、実際に稼動できたのは、配備されている三六二機の内、わずか二二三機であった[31]。イギリスはこのような量的劣勢を質的優位でカバーしようとしていたのである。ＡＩＤは日本人パイロットについては、その細目と難聴によって正確な航空機の操縦や機銃掃射ができないと、偏見に基づいた判断を下している。当時このような日本人に対する偏見は広く流布していたものであり、米海軍情報部長のウィリアム・プレストンもこのような日本人の身体的特徴をもとに、日本の航空戦力がまだ欧米のレベルに達していないことを挙げている[32]。

航空戦力に関しては、日本人パイロット同様に航空機に関する判断も芳しくなかった。一九四〇年九月一三日には重慶上空において初投入された一三機の零式艦上戦闘機が、一機の損害もなく二七機の中国機を撃墜するという華々しい戦果を挙げている。しかし英空軍情報部の対応は以下のように杜撰なものであった。

> 一九四〇年に空軍省は重慶から零戦に関する情報を受け取っており、一九四一年二月二日に極東合同情報部（ＦＥＣＢ）経由で本部へ報告しているが、その情報は（本部に）届いていない。どうやらすべての情報は破棄されたようだ（中略）。その結果、英軍の戦闘機は零戦より優秀である、と知らされていたパイロット達に大損害を招いたのであった。[33]

また当時、米義勇部隊（フライング・タイガース）を率いて中国で戦っていたクレア・シェンノート元大佐が、この零戦に関する情報を入手してワシントンへ知らせており、ジョージ・マーシャル参謀総長もこの日本軍の最新鋭戦闘機に関して言及している[34]。しかしハワイなどの現場の部隊がこの情報を真に受けなかったため、真珠湾攻撃時の狼狽した対応に繋がってしまい、日本軍による真珠湾攻撃の成功はドイツ人パイロットのお陰であるという噂まで広まってしまうことになる。

英米の軍事情報部がこのような対日軽視を行った原因はいくつか挙げられる。まず日本の防諜活動の厳しさから、日本国内での情報収集が困難であったことが挙げられる。すでに述べてきたように、日本国内で活動していたコックスは憲兵隊に逮捕されてしまっているし、日本国内からの報告は武官や大使館に頼らなければならない状況であったが、肝心の武官は上記のような報告であるし、また在日大使館からの報告も以下のようなものが目立った。

近代戦のように迅速な軍事行動を必要とする戦争では、指揮官の迅速な判断が要求されるが、日本人はもともと頭の回転が遅く、警戒心の強い民族である。陸軍においては、上級士官のほとんどがこのような日本の伝統的タイプに当てはまっており、近代戦の経験のなさと、このような日本人としての性質が、効果的な軍事行動を妨げているのだ。[35]

これらの報告が受け入れられたのは、当時のイギリスに日本の専門家が少なく、また一般的な日本に対する無知によってこのような観測が助長させられたからであった。当時のイギリス人の日本像は、彼らが直接日本を見聞して造られた現実に基づいたものではなく漠然とした想像の産物であり、彼らの一般的な日本軍のイメージは、西洋からは一歩遅れた軍隊以上の何物でもなかった。ホワイトホール（英政官街）の政策決定者たちは、このようなイメージに基づいて情報部からの報告を曲解していたのであろう。当時のイギリス人はよほどの親日家でなければ、日本、もしくは極東の情勢に無関心なままであった。これは政策決定者から一般のイギリス人まであらゆる階層に共通したことであり、イギリス人にとって極東情勢は遠い国の出来事でしかなかったのである。

極東英軍司令官、アーサー・パーシバル将軍はその回顧録で、「私がかつて（シンガポールで）知的な将校に『なぜ極東の情勢に疎いのか』と尋ねた所、彼は、『学校で習いませんでした』と答え、私もなるほどと思ったものだ」[36]と記している。結局、情報不足と日本に対する無知は、対日軽視となって当時のリーダーたちに受け入れられてしまうことになった。

このようなイギリスの対日軽視はさらに人種的偏見によって助長されていく。英極東軍司令官ブルック・ポハム元帥は、一九四〇年一二月、香港で日本軍の部隊を視察した際、「鉄条網越しに私が見たものは、汚いグレーの制服を着た類人猿の見本だった。彼らが知能を有する軍隊であるとは信じがたい」[37]といったコメントを残している。このような人種的優越感、もしくは敵国に対する蔑視は当時どの国にも見られたことで、ここでイギリスの例だけを抽出するのは危険ではあるが、少なくとも人種的優越感がある種の自信過剰と、アジア地域におけるイギリスの楽観主義を助長していたことは否めない。このイギリスの優越感は、日本軍の実力を読み誤った最も大きな要因の一つであったと言えよう[38]。

このような人種的優越感は、戦略担当者たちが対日イメージを形成する際、意識的、無意識的に作用していたと考えられる。日本軍についての不鮮明な部分は人種的優越感によって歪曲され、また客観的情報の少なさは戦略担当者の主観的判断を増長させたのであった。日本人に対する固定観念と曖昧な情報分析が重なって、英軍の日本軍に対する半ば空想的な優越感が生じていたのである。これは英軍がヨーロッパ以外の軍隊に負けるわけがない、という自負の表れでもあった。

また日本人は元来警戒心の強い民族であると思われていたため、まさか日本が英米を相手に戦争に訴えるとは想定されておらず、米英の情報機関はこの点でも日本人のメンタリティーを読み誤っていた。そしてこのようなイギリスの対日軽視は恐らく、日本に対するある種の脅威感の裏返しであったと考えられる。このことは、一九二〇年代に日本軍の能力を肯定的に評価するレポートが比較的多数見うけられたのに対し、一九三〇年代後半になると日本軍の欠点のみが強調され始めたという事実から推察される[39]。すなわちイギリスの対日観はこの脅威と軽視の混在した、きわめてアンビバレントなものであり、それゆえに情報の受け手は、情報部からの報告に影響されやすかったのであろう。

このように当時、世界で最も洗練されていた英情報部は、日本軍に対してはかなりの過小評価を行っていたことがよく判る。

アメリカもイギリス同様に日本軍に関する有益な情報を得ることが出来なかった。しかしアメリカの場合、イギリスのようにイマジネーションによって情報の不足を補うのではなく、逆にイマジネーションが不足していた面が大きい。例えば酸素魚雷や零戦といった個別の情報は摑んでいたが、それらの情報が統合されて検討されることはなかった。ただし当時起こっていた軍事革命——航空母艦の集中運用や水陸両用作戦——についてはまだ明確に認識されていなかったため、零戦や酸素魚雷の意義について答えを出すのは困難であった。

また当時アメリカはイギリスほど逼迫した状況にはなかったため、ある程度突き放して日本軍を見ていたのかもしれない。さらに当時のアメリカの情報組織は未熟であったため、情報を入手してもそれらがインテリジェンスとして加工されず、放置されることがあったとも考えられる。

(2) 日本陸軍の対米英イメージ

それでは次に日本軍の米英軍に対するイメージを概観していく。太平洋戦争の緒戦において陸軍の主敵となるのはシンガポールを中心に展開する極東英軍であったため、陸軍は一九四〇年後半からマレー、シンガポールを守備する英軍の調査を進めてきた。参謀本部の資料に拠れば、英陸軍幹部に対する評価は、「一般に良好とは認められず」[40]というものであった。また守備隊が英、豪、印の混成軍であるとし、それぞれの軍を以下のように評価している。

英兵「所詮植民地における軍隊にして平素の訓練状況等より見るも、その戦力は大ならざるべし。然れども英兵はその国民性より観察するに防御戦闘においては相当執拗に抵抗することあるべし。而して在マレー英兵の大半は、シンガポール防備に充当せらるべく野戦に出動するものは大ならざるべし」。

豪州兵「その素質一般に良好ならず失業者、無頼漢等を交え、軍紀風紀の不良は有名なり。戦闘に際して近東方面における戦績に鑑みるも冒険果敢の国民性より相当の勇敢性を発揮すべきも訓練、装備は共に良好と言い難し」。

インド・マレー兵「日本に対して戦意無きもの多く、反英思想を有するものも少なからず、常々これを洩らしあるものあり。而して印度兵相互の間には幾多の党派を有しあり、英人は巧みに之を編合してその反乱を防止しあるも反面その団結は期し得られず」。[41]

このような評価を見ると、日本陸軍も英兵を侮って(あなど)いた傾向はあるが、マレー守備隊を構成する軍隊を国別に評価している点でユニークである。参謀本部は、マレー半島に侵攻する日本軍が最初に戦うのはインド兵であると考えており、こちらに対する評価は上記のものに加え、「正面戦闘等においては比較的抵抗力を発揮し得るべきも、運動戦に適せず、特に側背よりする奇襲に対しては脆弱なり」[42]、とそれほど高くはなかった。そして英兵とそれ以外の兵の不協和を強調することで、マレー守備隊に対する総合的な評価は低くなったと思われる。

英軍全体の訓練に対しての評価も、「訓練は一般にその程度低く、かつ防勢色彩濃厚なり」[43]としており、攻撃主体の日本陸軍から見れば、控えめな訓練に映ったようである。また陸軍は英空軍に対して「操縦者の素質は比較的良好にして使用機には第一流実用機を含みあるも、その訓練の現状は不十分なり」[44]というような評価を下していた。

陸軍は南方戦線に赴く将兵のために、『これだけ読めば戦は勝てる』という小冊子を四〇万部も刷っており、この中で英軍については以下のように書かれている。

> 今度の敵を支那軍と比べると、将校は西洋人で下士官は大部分土人（ママ）であるから軍隊の上下の精神的団結は全く零だ。唯飛行機や戦車や自動車や大砲の数は支那軍より遥かに多いから注意しなければならぬが、旧式のものが多いのみならず、折角の武器を使うものが弱兵だから役には立たぬ。[45]

これらの評価から日本軍は英軍に対して、英兵はそれなりの戦闘力を有しているようだが、現地兵との折り合いが良くなく、極東英軍全体としてはそれほどの脅威はない、と判断していたようである。また前述したように、陸軍はマレー半島からシンガポールに至る緻密な情報収集活動によって、現地の様子を良く把握していたため、一九四一年一月に検討されたシンガポール攻略作戦計画においても、マレー半島南下作戦によって成功の可能性は高いと判断していた[46]。基本的に陸軍の考えは、

「英米可分」であったため、限定的対英戦争を志向していたのである。

それでは陸軍の対米軍イメージとはどのようなものであったのだろうか。しかしこれに関してはまとまった史料が残されていない[47]。そもそも対米戦争は主に海軍の領域であり、さらに開戦時のフィリピン攻略戦は、マレー侵攻作戦に比べると副次的要素が強かったため、米陸軍に対する調査はあまり行われなかったと考えられる[48]。

陸軍のアメリカ観は、アメリカ国民は自由主義的、個人主義であり、長期の戦争には倦むであろうとか、アメリカ兵は日本兵のように戦場における困苦欠乏に堪えられない、といった漠然としたイメージであった[49]。このあたりはイギリスが日本軍に対して下した評価に近いものがある。要は情報の不足している相手に対しては、主観的なイマジネーションの入り込む余地が大きくなるということであろう。

参謀本部はフィリピン攻略作戦計画の際、フィリピン守備隊について以下のように評価している。

正規軍将校の約八〇％、兵の約四〇％は米人、他は土人(ママ)にして米人はその素質一般に優良なるも熱帯的気候に煩わせられ心身弛緩し、真摯を欠くの傾向あり。土人(ママ)は風土に慣熟し粗食に甘んずるの特性を有するも、他面忍耐力、責任観念等乏しく、将校以下の軍事能力は米人に比し著しく劣等なり。[50]

ここでも現地兵に対する評価を低く見積もることで、在フィリピンの米軍全体の評価を低めに抑えていたのである。結局陸軍の関心は、徹頭徹尾ソ連軍であり、太平洋戦争においても当面の敵は英軍であった。そして米軍に対する無知は、ガダルカナル戦を始めとする島嶼防衛戦が始まるまでそのまま放置されていたのである。参謀本部作戦課員であった高山信武（たかやましのぶ）元大佐は、戦後、後知恵的に述懐している。「作戦担当者としては米英、とくに米国の実情をもっと徹底的に調査し、参謀本部内の米英情報担当者や、米英その他中立国等、外地にある日本の駐在武官の意見を尊重すべきであった」。[51]

ちなみに陸軍はソ連軍に対しては詳細に調査していたため、ソ連軍に関する蓄積はかなりのものであり、ソ連軍を脅威と見る評価が散見される。ソ連軍の評価としては、「精鋭なる独軍に対抗し克（よ）く民族性に根基を発する柔軟性を発揮して奮戦を継続し、尚戦意衰えざるは特に注目に値するものあり。従来「ソ」軍はその組織能力に欠陥ありたるも今次戦争に於いてその欠陥を認むるや速やかに之を是正し、優秀なる組織能力を発揮して戦争の要請に即応しあり」[52]と全体的にソ連軍の能力を肯定的に評価するものであった。大まかに言えば、日本陸軍のソ連軍に対する認識は、強力な火力をともなった攻撃志向の軍隊であり、兵の精神力も強靭であるというものである[53]。

当時、ラトビアやドイツでソ連情報を収集していた新美清一（にいみせいいち）少佐は以下のように報告している。

ソ連は軍事的に見ても又工業的に見ても、その実力から言って相当強力なり。日露戦争時代程の懸隔はないかも知れぬが、その国力に於いては日ソ間に現在相当の優劣の差があるものと見なければなるまい。[54]

このように見てみると、やはり日本陸軍はソ連軍を最大の強敵と捉えており、それに比べると、南方を守備している米英軍はそれほどの脅威には映らなかったのである。また日本軍はノモンハンなどで実際にソ連軍と戦っているため、そのようなソ連軍の手ごわさを肌で感じ取っていたのであろう。

日本陸軍は軍隊のパフォーマンスを測る際には精神的要素を重視していたため、相手の陸軍を見る目も自然とそのような精神論に陥りがちとなる。一九三九年のノモンハンの戦いにおいて、日本陸軍は機械化を始めとする部隊の近代化に乗り遅れていることが明らかになっていたため、この要素から目をそらし、精神論に傾いていったことは想像にかたくない。このような思考法は、上記の『これだけ読めば戦は勝てる』にも表れており、たとえ近代兵器があってもそれを使う人間が弱兵なら戦力にならない、という。従って、米英軍に対する評価は、現地兵の士気の低さと、本国兵と現地兵との不協和といったデータで現れない部分に弱点を見出し、その点を強調する形となったのである。

(3) 日本海軍の対米英イメージ

海軍の場合、相手の戦力を軍艦の隻数や航空機の数などで測るため、比較的客観的な敵戦力を割り出すことができよう。そして海軍の場合はあまり精神的な側面からの分析は行わず、あくまでも客観的な敵情判断を行うように努めていた。

日本海軍の関心は一貫して米海軍にあった。太平洋戦争直前、日本海軍の陣容は、戦艦一〇隻、航空母艦一〇隻、巡洋艦二八隻、駆逐艦一一二隻、潜水艦六五隻(合計約九八万トン)、航空機三三〇〇機というものであった。それに対し、日本海軍が算出した米海軍の戦力は、戦艦一七隻、航空母艦八隻、巡洋艦三七隻、駆逐艦一七二隻、潜水艦一一一隻(合計約一四〇万トン)、航空機五五〇〇機、というものであり、トータルで見ると日本海軍は米海軍の約七割の海軍力を有していたことになる[55]。ただしお互いの稼働率などを考慮した結果、日本海軍の戦力は対米比七割五分という数字が導き出されている。

日本海軍にとってはこの七割という数字が重要で、これはランチェスター法則（海軍は「N2理論」と呼称）に基づき、対米比七割の戦力ならば日本海軍は米英海軍と互角に戦えると試算されていたからである。逆に言えば、七割を切る場合は勝ち目がないと考えられていた。そしてこの対米比率は、一九四一年時点のものであった。それ以降はアメリカの造艦能力が日本の三倍以上と見積もられていたため、日本海軍の対米比率は一九四三年には五割を下回る計算であった[56]。

航空機に至っては、一九四一年の段階で、日本が三三〇〇機を保有、アメリカが五五〇〇機を保有していたが、アメリカが対日戦に使えるのは二六〇〇機程度と見積もられていた。ただし時間が経てばこの航空機比率も日本に不利になっていくことになり、一九四四年には日本一万二〇〇〇機に対してアメリカ一〇万機以上と予測されていた。従ってもし戦争を仕掛けるならば、日米間の差が最も小さくなる一九四一年という計算になる。山本五十六連合艦隊長官の「初め半年や一年は、ずいぶん暴れて御覧に入れます」[57]といった言葉には、このような見積もりが前提にあったのである。

この計算は合理的なものであった。国内の石油備蓄量なども考慮すると、数字上、日本海軍は一九四一年から一年間だけなら米海軍と互角に戦える可能性があったのである。しかしその後はまったく相手にならないことも始めから明らかであった。

さらに日本海軍は英海軍とも矛を交えなければならなかった。イギリスはすでにドイツとの戦争に突入していたため、英海軍が極東に派遣できる艦隊は戦艦二隻、巡洋艦五隻、駆逐艦一〇隻、航空機は三三六機程度と見積もられており、これもかなり現実に近い見積もりであった[58]。元来、日本海軍の英海軍に対する評価は、その伝統、規律などの面で非常に高かったが、対英戦に関して日本海軍は楽観的であった。それは軍令部第三部八課長、中堂観恵大佐の言葉に表れている。

我々は英極東艦隊を困難なく撃破できると信じている。英海軍は欧州戦争のために強力な援軍を極東海域に派遣することはできないだろう。[59]

そしてこのような自信は、日本海軍の英海軍に対する質的優位からも来るものであった。極東に来襲するであろう英戦艦よりも日本海軍主力艦の方が射程距離が長いため、敵艦隊をアウトレンジから叩ける、という分析であった[60]。従って海軍軍令部は対英戦には勝てると考え、また対米戦に関しては最初の一年だけなら互角に戦える、といった結論にたどり着くのである。

基本的に日本海軍は陸軍と異なり、「英米不可分」の思想であった[61]。これはたとえイギリスを屈服させてもいずれアメリカと戦わなければいけない、という考えである。また南方攻略の際、日本海軍の艦隊は南シナ海において、その艦隊の横腹を米領フィリピンに晒さなければならず、そのような行動は作戦的に許容できないものであった。従って海軍としてはつねに対米戦を念頭に置かなければならなかったのである。

海軍にとって対英戦は現実的な戦争であったが、対米戦は見通しのつかないものであった。どのような戦略をもってしても敗北は必至であったからである。軍令部作戦課長、作戦部長と作戦畑を歩んだ中沢佑元中将も以下のように回想している。

（日本が英米二国と同時に戦った場合）万策尽くして戦うとも勝算殆どなく、図上演習の結果は、艦隊は漸次圧迫せられて、遂に海上交通を断絶せらる。（中略）持久戦を戦った場合でも、我は英米に対して之を屈服せしむるきめ手を持たぬことが致命的弱味である。[62]

当時の海軍軍令部の中枢である作戦部がすでに対米英戦の勝算がないことを認めているのである。しかしこのようなことは軍令部で検討する以前に明白なことであった。従って海軍にしてみればこちらから戦争を仕掛けるなど愚の骨頂であったのだろうが、問題はアメリカから攻撃を仕掛けられる可能性を考慮しなければならなかったことである。

一九四一年二月の情報部の結論は以下のようなものであった。

米国は一九四四年以降に於いては日米各種兵力比は帝国（日本）に対し十分の勝算を確信するに至るべく従って右時期以後に於いては帝国に対する圧迫政策は現在の如く微温的ならず武力行使を予期しつつ極めて強硬なる策に出づべく。[63]

海軍が最も恐れたのは上記のような状況、すなわち将来的に日米の戦力格差が増大し、さらに日本が戦略的なストック、特に石油を使い果たしてどうにも行かなくなった末にアメリカから強硬な対日政策を押しつけられることであった。従って先に進めば進むほど勝ち目がないのなら戦争は早ければ早いほど良い、といった考えになることは必然である。

しかし問題は一時的に米英と互角に戦える可能性はあったものの、戦争が長引けば負けることもまた必至であった。そしてこの難問に対する解答を提示したのが山本五十六連合艦隊長官であり、それこそが航空機の奇襲による真珠湾攻撃なのであった。さらにはこの奇襲攻撃が成功した後に海軍が頼りにしたのは、アメリカの世論が厭戦気分に支配されることと、ドイツの欧州制覇であった。すなわち山本は戦術的に米海軍を叩く方法を提示したが、戦略的な解決方法となると明確な解答を提示するまでには至っていなかったのである。

おそらく戦術的に見れば、海軍の判断はきわめて合理的なものである。しかし戦略的に見ると、対米戦という判断はまったくナンセンスなものであろう。既述したように、日本軍には中、長期的な観点から状況を判断するセクションが存在していなかった。そして海軍はアメリカの世論が長期戦に耐えられない、という何の根拠もない予測に頼った。山本は真珠湾攻撃がアメリカの世論に打撃を与えると考えていたようであるが、そのような考えはまったく逆であったことがすぐに露呈する[64]。そもそも米世論の厭戦蔓延とドイツ軍の進撃に賭けておきながら、米世論に対するプロパガンダ工作も、ドイツ軍に対する客観的な研究の実施も不十分なままであった。

山本五十六

以上、陸海軍の対米英イメージを簡単に見てきたが、太平洋戦争の緒戦を見る限り、陸海軍ともよく相手を研究していたと考えられる。しかし陸海軍のインテリジェンス能力は軍事情報の分野や作戦計画に対応することはできたが、総力戦や大戦略のレベルになると対応し切れなくなった。なぜならそのような情報分析には経済・産業情報や、相手の文化といったトータルな観点からの視点が必要であり、そのような分析スタッフは当時絶対的に不足していたからである。陸海軍の情報部ともこの分野に秀でていなかった、もしくはこのような分野がほとんど重視されていなかったことは、大局を見据える上で致命的であった。

本来、国際情勢や他国の経済事情から、それらを総合的に判断するのは政治の領域であったが、基本的に当時の政治家や軍部はそのような問題に対する関心が薄かった。陸軍は精神論、海軍は都合の良い楽観主義を通してお互いの相手を見つめることになったが、緒戦の勝利に浮かれた陸海軍は戦争当初のイメージを修正、更新しないまま戦い続けたのであった。

またこれは、情報を得てからそれを実際に利用するまでのタイムラグの問題でもある。相手に対するイメージの類の問題は、そのようなタイムラグをいかに克服するかであり、その時間差が長くなればなるほど、情報分析の過程で主観的なイマジネーションや推論、もしくは組織間の軋轢など不要な要素が付け加えられてしまう。

恐らくこの問題に対する鍵は、情報更新の頻度にあろう。米英は日本国内における情報収集の困難さから一九三〇年代に得た情報を更新せず、それを太平洋戦争の緒戦で利用することになった。これほどのタイムラグが開いていれば、当然、そこには人種偏見やさまざまな主観が入り込む余地を与えてしまい、その結果、情報は使い物にならなくなっている。

他方、日本軍が米英に対する情報収集活動を行ったのは一九四〇年代に入ってからであるから、実際の情報利用までのタイムラグを考えれば、日本軍の情報の方が鮮度も良く、正確であったことは想像にかたくない。この現象は戦争が進行すると、今度は逆の形で現れることになる。

米英は、緒戦における敗北の教訓から、日本軍に関する情報の頻繁なアップデートを図り、できるだけ主観を排除し、それらを迅速に戦場での利用に繋げた。その結果、米英は日本軍の実像に迫ることが出来たのである。シンガポール陥落後、一九四二年三月にビルマへ派遣された英陸軍第一四軍司令官、ウィリアム・スリム中将の最大の関心は、日本軍の実像を知ることと、それを迅速に末端まで伝えることであったという[65]。しかし日本軍は戦争が始まってからも緒戦のイメージで戦い続け、米英軍に対する情報を頻繁に更新しなかったために、ガダルカナルやインパールで敗北を喫することになるのであった。

第六章

戦略における情報利用

——太平洋戦争に至る政策決定と情報の役割

日本とイギリスの情報戦略に対する姿勢

本章ではより大局的なレベルにおけるインテリジェンスの利用について考察していく。戦略レベルにおける日本の態度は基本的に受身であり、対外政策に関しても外的要因というよりは、陸海軍内部の組織関係が意思決定に及ぼす影響がきわめて大きかった。従ってこのような対外政策決定過程にとって重要なのは部内の組織や人間関係であり、対外インテリジェンスではなかった。この意思決定の仕組みこそが、日本のインテリジェンスを無用にした第一の原因である。

他方、当時のイギリスは、帝国防衛委員会（ＣＩＤ）という世界戦略を規定する場を持ち、そこでの意思決定のためには詳細なインテリジェンスが必要とされた。そしてそのようなインテリジェンスを提供するのが合同情報委員会（ＪＩＣ）であり、合同情報委員会の情報評価のために情報を集めてくるのが、秘密情報部（ＳＩＳ）や各軍の情報部、そして通信情報を集める政府暗号学校（ＧＣ＆ＣＳ）であった。アメリカもこのＣＩＤに倣い、戦後、国家安全保障会議（ＮＳＣ）を設置している。

ところが日本では何度も説明してきたように、大局から戦略を判断し、そのためのインテリジェンスを提供する組織自体が欠けていた。昭和以前の時代までならそのような役割は元老が果たしたのであろうが、昭和以降になると日本には長期的な戦略を立案する者がいなくなるのである。従ってその隙間に陸軍を中心とする軍部が浸透してきたわけであるが、軍部はそのような能力も組織も持ち合わせておらず、中央情報部に育つ可能性のあった内閣情報部の力を削ぎ、総力戦研究所などに対してもあまり関心を持たなかった。以下では戦争に至る政策決定において、インテリジェンスの役割がどのようなものであったのかを俯瞰していく。

（1）三国同盟に至る情勢判断

一九四〇年夏、ヨーロッパではドイツがフランスを降伏させ、イギリスの陥落も時間の問題であるかのように思われていた。そしてそのようなヨーロッパ情勢を横目で眺めながら、日本政府内ではその後の岐路を決定したと言われる日独伊三国同盟についての話し合いが行われていた。しかしその話し合いの場に参謀本部第二部長であった土橋勇逸少将が呼ばれることはほとんどなかった。これは土橋が元来三国同盟に反対であったこともあるが、日本の命運を決めることになる政策決定に参謀本部の情報部長が関与していなかったのである[1]。

七月二五日に第二部が作成した「国際情勢月報」によれば、英独戦争（バトル・オブ・ブリテン）の状況は、「英国は依然強固なる決意を以って対独戦争を実行しありて七月一九日独総統の声明に対しても世論は政府の強行態度を支持しつつあり」[2]と報告されており、ドイツ側の優位はそれ程強調されていない。またドイツの英本土上陸作戦が進まない理由については、「空軍運用の為の飛行場の設定、通信、後方の施設、人員器材及上陸作戦資材の整備等の未完了」と客観的に判断していた[3]。このような第二部の情勢判断は冷静なものであり、日本が「バスに乗り遅れる」ことを意識していない。

一九四〇年一〇月、駐英武官辰巳栄一少将やストックホルムの小野寺武官は、「独軍の英本土攻略は不可能と断言できぬまでも、その実現は極めて困難と判断する」[4]と報告しており、参謀本部第二部員であった杉田一次中佐もこの見解を支持していた。また海軍軍令部第三部（情報）の松永敬介中佐や中堂観恵大佐も、バトル・オブ・ブリテンにおける英空軍の善戦を強調し、損害はむしろ独空軍側が大きいと主張していた[5]。しかしこれらの情報は、英米に偏りすぎた情報、もしくは「雑音」として処理され、大島浩駐独大使をはじめとするベルリンからの親独的な情報ばかりに注目が集まっていたのである[6]。

中堂に拠れば、「第三部のイギリスに関する情報は無視され、駐独武官からの報告ばかりが重用された」という[7]。ドイツとの同盟を焦る参謀本部は、都合の良い情報を意識的に選択し、ドイツの力を過大評価していたのである。

また当時、陸軍省軍務局軍事課員であった西浦進（にしうらすすむ）中佐も以下のように述懐している。

その討議を見て真に具体的対英米武力行使の計画検討を行うことなくして、単に主義観念の論争多きを感じ、統帥部に対し至急之が具体的計画及びそのために必要な資料の収集を促したことがあったが、それより約一年と経たる今日、「バスに乗り遅れるな」との南方前進論の台頭に対しても再びその必要を痛感するに至ったのである。真に武力行使が適切か否か、その時機の判断等に就いても先ず之が具体的作戦資料の収集、計画の立案より延いては戦争全般計画の構想を一応立案し、具体的根拠に基づいての論議を必要とするに拘らず、その要素に欠けたる観念論の横行を見るのみ。[8]

さらに参謀本部作戦課員の高山信武元大佐も当時の作戦課の様子を述懐している。

もちろん、陸軍の主流は、三国同盟に同意であった。しかし、彼らが米英の実体を真剣に検討し、その動向を十分に分析し、判断したかについては疑問を抱かざるを得ない。当時の中央幕僚の多くは親独派であり、ソ連敬遠型であり、そして米英恐るるに足らずという傾向にあった。米英を恐れないのは良いとして、それが米英を識ってなおかつ恐れないのであれば申し分はないが、無知の勇気であるから始末に負えなかった。[9]

西浦や高山の記述を読めば、陸軍が情報による状況把握よりも、観念や主義主張によっていたことが露見してくる。一九四〇年の時点で参謀本部の作戦部はドイツに対する厳密な調査を行わず、かなり過大評価のイメージでドイツの力を捉え、逆に敵となる米英に関してはほとんど無知なままであった。これに対して、情報部は米英の動向を把握することに労力を費やしていたが、これらの調査に関してはほとんど顧みられることはなかった。

他方、三国同盟の締結に主導的な役割を果たした松岡洋右外相は、イギリスがドイツに屈服し、ドイツとソ連が手を組むという前提でその戦略を練っていた。しかし九月に入るとバトル・オブ・ブリテンの帰趨はイギリス有利に傾きつつあり、ドイツのイギリス上陸作戦は無期限延期されていた。さらに松岡は、ドイツから派遣されたスターマー特使の「独ソの友好関係の持続」という甘言を信じて[10]、自らの外交戦略に合致する形で国際情勢を認識していた。

しかし「友好」とされた独ソ関係は同年六月、ソ連が一方的にルーマニア領ベッサラビア、北部ブコビナを併合したことによりすでに悪化していた[11]。情報部はこの事実についても報告していたが[12]、参謀本部がこれに関して検討した形跡が見当たらない。松岡が三国同盟に期待していた諸条件、ドイツによるイギリス上陸作戦と友好的独ソ関係は既に破綻しつつあったにもかかわらず、松岡や軍部はこれらの状況を無視する形で政策を進めていたのである。

当時松岡の下で働いていた斎藤良衛外務省顧問によれば、当時日本外務省、陸軍ともにドイツとの同盟に際してほとんど準備や下調べもせずに突き進んでいたという[13]。松岡は、当時の日本の一般民衆と同様に、ドイツの軍事力と工業力を過大に評価し、自

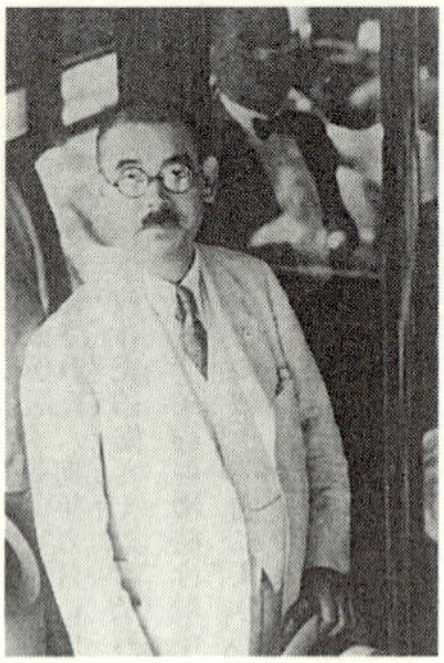

松岡洋右

らの外交的目的――ソ連との同盟と対米牽制――を実現するためだけに同盟政策に奔走したのである。そこには国際政治に対する冷徹なリアリズムや客観的視野が欠けていたと言える。特に一時的とはいえ同盟国となるドイツ、イタリアの国力をほとんど調べようとしなかったことは致命的であった。

さらに松岡は一九四一年一月、三国同盟にソ連を加えた四国同盟の実現に向けて、「対独伊蘇交渉案要綱」を作成している。しかし既述のように独ソ関係は既に悪化しつつあり、このような四国同盟構想は画餅に過ぎなかった。このような松岡の迷走に対して細谷千博は、その原因は「正確な情報の欠如、情報網の欠陥にあったのであろうか」[14]、と疑問を呈しているが、根本的な問題は松岡が具体的な情報要求を発しなかったために、情報部による情報収集や分析が行われなかったことにある。

一九四一年四月、イギリスのチャーチル首相はわざわざ松岡に以下のような書簡を送っているのである。

ドイツがイギリスの制空権を奪えない状態で、年内にドイツのイギリス本土侵攻が果たして可

能でしょうか。さらにもしアメリカがイギリスの側に立って参戦する場合、日本はこの二大海軍国と戦うことになるのです。（中略）英空軍は一九四一年の終わりには独空軍を優越し、さらにその後、独空軍をはるかに凌ぐであろうという事実が果たして検討されているのでしょうか。また年間九〇〇〇万トンもの鉄を生産している英米両国に対して、年間七〇〇〇万トンの日本が一体どうやって戦うのでしょう。[15]

もちろんチャーチルは親切心からこのような書簡を送ることになったわけではなく、そこには日本との戦争を先延ばししたいというチャーチルの思惑があった。また同じころ、陸軍省の戦備課が「物的国力判断」を作成し、日本の物理的国力の限界を提示していた。しかし陸海軍、外務省などがこのチャーチルの「警告」や、「物的国力判断」を重要視した痕跡は見当たらないのである[16]。確かに松岡には、同盟によってアメリカを牽制するという高度な外交戦略があったのだろう。だが、本来、的確な情勢判断を欠いた戦略などあり得ない。

そもそも情報を吟味しても選択を間違えることは多々ある。一九三九年、ヒトラーに対して宥和政策を取ったイギリスのネヴィル・チェンバレン首相に対する歴史家の評価はあまり芳しくないが[17]、少なくともチェンバレンは、英情報部からドイツ空軍の増強と、それに対する英軍の準備不足に関する詳細な報告を受け取り、ドイツとの戦争がイギリスに甚大な被害を招くと判断したからこそ宥和に傾いたのである。当時の英情報部はドイツの軍事力を過大に評価するという失敗を犯し、結果から見れば宥和政策は失敗となるが、少なくともチェンバレンは主観的な判断によって宥和政策に走ったのではない[18]。チェンバレンの宥和政策も松岡の三国同盟策も失策には違いなかったが、前者の失敗は情報を吟味した結果の失敗であり、後者の失敗は主観的判断で政策を進めた結果の失敗であった。

（2）独ソ戦勃発に関わる情勢判断

戦前の日本の政策決定過程が苦手としたのは、迅速で柔軟な意思決定であった。当時の政策決定過程で重要とされたのは、組織間のコンセンサスであり、情報ではない。そのため、重要な局面で決定的な情報が届いたとしても、そのような情報は政策決定に活かされ難いのである。

例えば一九四一年六月の独ソ戦勃発以前に、日本、イギリスはほぼ同じ情報を入手したが、それぞれが異なった結論と対策を導き出している。その情報とはベルリンの大島浩大使から東京への報告であった。

一九四一年四月一八日、大島は独ソ開戦情報及び意見具申を東京に伝えたが、当時日米交渉に没頭していた政府及び陸海軍首脳の対応は、情報を胸中に秘めたまま、というありさまであった[19]。近衛首相に関しては、内閣書記官の富田健治（とみたけんじ）が当時の近衛の心境を代弁している。「この情報（筆者注・大島情報）をそう強く信じたわけではないが、かなり心配していた。しかし帰国した松岡外相が否定的であり、陸海軍も独ソ戦開戦せずという空気であったので、そのまま見送られた」[20]。

他方、イギリス側ではこの電信を五月一〇日に解読している[21]。

しかしこの段階で日英とも独ソ戦への確信がなく、両国が動いたのは六月四日、六日の大島電であった。大島は第六三六号電で、ヒトラー総統、リッベントロップ外相の見解として、「両人とも独ソ戦が恐らく避け得ざるべきことを告げたり」と伝え、独ソ戦が間近に迫っていることを東京に報告していた[22]。

そのころ、ロンドンの北部に位置するブレッチェリー・パークの暗号解読組織、GC&CSはこの大島電を傍受、解読し[23]、その解読情報はただちにロンドン・ホワイトホールのJICに届けられている。英インテリジェンスの要であるJICの結論は以下のようなものであった。

最新の情報に拠れば、ドイツはソ連攻撃の意図を固めたようである。攻撃は確実であるが、詳しい日程までは未確認である。それは恐らく六月後半になるであろう。[24]

さらにこのJICの結論は、カヴェンディッシュ・ベンティングJIC議長からチャーチル首相の許へと届けられた。そしてチャーチルは即座にしてこの情報の持つ重要性に気づき、行動を起こすことになった。それは、フランクリン・ローズヴェルト米大統領に宛てられた極秘の書簡である。

いくつかの信頼すべき情報筋に拠れば、ドイツの対ソ攻撃が迫っている。(中略)もし新たな戦線が開かれれば、もちろんわれわれは対独戦争のためにロシアを援護するべきであろう。[25]

チャーチルは、まだ勃発もしていない独ソ戦の予測を知らされ、迅速に英米ソの結束をローズヴェルトに働きかけているのである。チャーチルのソ連・スターリン嫌いは有名であったから、この判断は正確な情報と客観的な戦略思考から下されたものである。またこの時、アレクサンダー・カドガン外務次官も、「独ソ戦に備えてどのようなプロパガンダを画策するか、オルム・サージェント(外務次官補)、オリヴァー・ハーヴェイ(イーデン外相の私設秘書、情報省)、レジナルド・リーパー(外務省政治情報局長）らと話し合った」と来るべき独ソ戦に備えて計画を練っていた[26]。

このように大島情報を傍受したイギリス側の対応は迅速なものであった。それでは日本においてこの大島情報はどのように取り扱われたのであろうか。

日本側にとっては、この大島電が初めて独ソ戦の可能性を伝えたものではなく、既述のように大島の警告は東京に届いており、またストックホルムの小野寺からも独ソ戦についての情報が届けられていた[27]。後知恵的にこれらの情報を検討すれば、まず独ソ戦の勃発は松岡の四国同盟構想を破綻させるため、対ソ戦略が見直されなければならない。そして陸海軍が四月に策定した「対南方施策要綱」に対しても修正が必要となってくるため、六月初旬に日本の国策の大幅な見直しと新たな戦略策定が行われるべきであった。

ただし現実の状況は複雑である。まず中央で権限を持ってインフォメーションを加工、インテリジェンスを報告する組織がなければ、この種のインフォメーションはあらゆる部局で主観的に評価され、政治的に利用される。南進を望むものは、独ソ戦によって米英がアジアに介入する危険性が低下するとして南進に傾くであろうし、逆に北進を望むものはこの情報を利用して対ソ戦を訴えるであろう。現に六月六日に陸軍省内で行われた課長級会議ではこの大島情報の真偽をめぐって紛糾し、収拾がつかなくなるのである[28]。

さらに上のレベルにおいても大島情報に対する見解は、統一されるには程遠い状態であった。この時、参謀本部情報部長、岡本清福少将の見解は、「一国の元首がやるというからにはやるだろう」というものであったが、松岡外相の反応は、「（大島）大使の観測にも拘わらず、独ソの関係は協定成立六分、開戦四分と見る」であり、東条陸相の見解も「急迫せりとは見ず」というものであった[29]。近衛首相は木戸幸一内大臣に対して、「独はいよいよソ連を討つとのことなり」と話していることから[30]、独ソ戦の公算が高いと考えていたようである。

しかしこの段階で統一した見解を導き出すのは困難な状況であった。「独ソ戦の可能性大」という大島や小野寺からの報告に接していながら、軍、政府首脳はこの情報を正面から受け取るどころか、その可能性について自分たちの認識に合わせた議論を始めるありさまであった。これも一種の情報の政治化であったと言える。

鎌田伸一はこのような日本の政策決定過程を「ゴミ箱モデル」と呼ぶ[31]。「ゴミ箱モデル」とは文字通り、各人がゴミ箱にゴミを投げるように議論を交わし、一致した結論の出ないままいつの間にかゴミが収集される。そしてまた新しいゴミ箱が用意され、それに向かって不毛な議論を繰り返すようなイメージであり、そこには合理性の欠片もない。さらに付け加えれば情報の類もそのようなゴミ箱の中に投げ込まれるため、情勢判断や政策決定が入り混じってしまい、政府として統一した政策を導き出すのが困難となってしまうのである。

そしてこのような政策決定のモデルにおいては、政策と情報が相互に連携する合理的政策決定過程どころの話ではなく、情報利用の可能性はその時々の状況やアクターに拠り、しかも誰も主導権を握ることがないので、予想外の結果が生じてくる事態も起こりうる。

大島情報に話を戻すと、結局この段階では結論を出すことができなかったため、検討は次の会議を開催してから、という悠然とした対応が取られた。そこには独ソ戦の勃発が世界の軍事バランスを、日独伊対米英ソといった二大陣営に分断してしまうという大局観がなく、せいぜい検討されたのがドイツの勝利に便乗した北進であり、実情はすでに南、すなわち陸海軍の目は南部仏印の方を向いており、六月二二日に独ソ戦が勃発してようやく日本政府は対応に追われることとなる。

政策決定者自らがインフォメーションを分析・判断しようとすると、このような状況に陥ってしまう。だからこそ、事前にインフォメーションからインテリジェンスを加工する専門の組織が必要なのである。しかし当時の政策決定者は、このような情報部局からの分析に頼ることはなく、できるだけ自分達で判断しようとしていた。戸部良一がこの時期の政策決定過程を検討しているが、独ソ戦自体は日本の南進にある程度影響はあったものの、「陸軍では南部仏印進駐は独ソ戦に関係なく実施されるべき措置」[32]であり、陸軍にとって南進は情勢の如何にかかわらず、「対南方施策要綱」によってほぼその方針が固まっていた。一方の海軍も初めから南進を志向していたのである[33]。従って事前の大島情報は、日本の政策決定過程にほとんど影響を与えることがなかったと言えよう。

大島情報の問題は、いかに時局に合致した情報でも、すでに部局内の調整によって得られた方針を変更することは困難である、という命題を提示している。森山優に拠れば、陸軍内の政策決定過程だけでも、まず課長級が中心となって部内の意見を取りまとめ、そこから参謀本部作戦部長、陸軍省軍務局長、陸軍省次官、参謀本部次長、陸軍大臣、参謀本部総長の決裁を経て陸軍の試案が生み出される。さらにそこからも海軍を初めとする他省庁との調整を行わねばならず、このような仕組みは煩雑そのものである[34]。その結果、政策決定過程で必要とされるのは、情報に基づいた合理的な案ではなく、各組織の「合意」を形成できるような玉虫色の案と根回しとなり、そこに多大な時間と労力が割かれることになる。そうなると情報収集も他部局、他省庁、政治家の意向といった調整対象に向けられていく。

この政策決定の複雑さこそが日英の決定的な違いであった。すでに説明したように、イギリスの場合、GC&CS（情報収集）→JIC（情報集約・評価）→首相（政策決定）、と情報から政策までの流れがきわめてシンプルであり、情報に合わせた柔軟な政策決定が可能である。日本の場合、最初の段階である程度の情勢判断が行われ、その時に情報は必要とされるが、その後の政策決定過程においては情報はほとんど必要とならない。従ってそのような状況で情報が飛び込んできても、柔軟に政策を状況に対応させることができない。できるとすればまた一から政策を立案し直すことであろうが、右記のような政策決定の仕組みを見れば、それは時間的に許容されないであろう。結局、このシステムではどのような決定的情報が入手できても、そのタイミングが情勢判断時でなければそれを有効に利用することはできない。日本は独ソ戦勃発の情報を事前に得ていながら時間を浪費し、既定路線の南進策を選択したことになる。

参謀本部第二〇班の原四郎少佐は、「以上の情報（大島情報）は日本として軽視すべからざる重大情報であり、政府および大本営は独ソ戦開戦問題において、その可能性および対応策に関し、早期本格的に取り組むべきであった」[35]と反芻しているが、根本的な問題は、政策を迅速かつ柔軟に決めることができないシステムそのものにあったと言えよう。

（3）暫定協定案とハル・ノートに関する情報判断

三国同盟や独ソ開戦の例は、日本が重要な政策決定を行う際にインテリジェンスがほとんど考慮されないということを示唆している。しかし国家存亡が懸かってくるような状況では、どうしても判断基準として対外情報の類が必要になってくることもある。特に太平洋戦争が生じるか否かの時期にあたる一九四一年一一月後半は、まさにそのような状況であった。果たして日本政府はそのような状況に際して、どのように情報を収集し、情勢を判断していたのであろうか。

一九四一年一一月二〇日、日本政府は日米戦争を回避するために、乙案と呼ばれる譲歩案をアメリカに提出し、アメリカからの回答を待つことになった[36]。ワシントンではハル国務長官が英豪蘭華の各代表らと協議を重ね、この日本案に対してどのような回答を返

武藤章

信するかを検討した。ハルは米側の通信情報（マジック）によって、日本との交渉決裂が戦争を意味することをすでに知っていたため、妥協的な暫定協定案を用意していた。そこには日米の衝突を回避できる可能性がわずかながらも生じていたのである。しかし日本はこのようなアメリカ政府の内情まで察知しておらず、アメリカからの回答提示を待ち構えるしかなかった。

英豪蘭にしてみれば、暫定協定案は一時的とはいえ日本との戦争を延期できるため好ましいものであったが、逆に中国にとっては日米間の妥協成立は好ましくなかった。妥協が成立してしまえば中国はアメリカからの援助を期待できなくなり、日中戦争は日本側に有利な展開となってしまうからである。暫定協定案は中国を犠牲にして日米間に一時的妥協を成立させようとした性格のものであったため、暫定協定案の提示には日中両国の死活的な国益が懸かっていたと言う事ができるであろう。

そのころ、東京ではワシントンからの回答が待たれていた。一一月二五日、陸軍省軍務局長、武藤（むとう）章（あきら）中将はこう語っている。

日米の外交交渉はその御前会議の決定趣旨に従い進んでいる。本日二二日までの結果では、米

国は日本の真意を了解しておらぬ。他面ＡＢＣＤに豪州を加え、しきりに会合を行っている。この会合の目的は不明であるが、米国としては日本に最後の回答を与えるまでに、関係諸国を集め対策を講じておるのであろう。しかし、そのやり方は各国と個々別々に交渉するというのでなく、一堂に相会し会議をしておる。これは何等かの意味のあるものと想像できる。すなわち太平洋に関する一つの共同提案をしておるのではないかと想像されるのである。日本の判断では、米国の回答は二四日に来るとしていたが、未だ到着しておらぬ。[37]

この様子だと、武藤はアメリカの動向に関する情報を摑んでいないようであった。さらに二日後、軍務課長の佐藤賢了（さとうけんりょう）少将は以下のように発言している。

日米の会見は二四日に延期され、日本の申出に対する米国の回答は二六日に来ることになったが、未だ到着していない。（中略）二四日の日米会見の予定が延びたのも、米国は英支等との話合が未だ一致しないためであろう。今のところ二六日（日本時間二七日）の会見は実現し明日あたりその電報が来るものと予期している。この電報報告は前述のように、米国は経済関係を回復するから、日本も武力行使を取りやめよというような内容のものと判断される。[38]

この記述によれば、佐藤も情報を摑んでいなかったようである。佐藤の見解はアメリカが妥協的な案を提示してくる可能性があるというものであるが、これは同日の『東京日日新聞』の「米・交換条件用意」という記事をほとんどそのまま繰り返しているだけである。そしてこの新聞の情報源を探っていくと、一一月二五日の『ニューヨーク・タイムズ』の記事に突き当たる[39]。さらにこの『ニューヨーク・タイムズ』の記事の情報源に関しては、アメリカの歴史家、ウォルド・ハインリクスが興味深い記述を残している。

（暫定協定案に反対する中国側の）異議が積み重なり、ロンドンの中国大使館はＵＰに（暫定協定案の）情報を漏らしてしまった。その結果、一一月二五日に『ニューヨーク・タイムズ』の読者は暫定協定案について知ることになったのである。[40]

日米交渉の日本側責任者であった東郷重徳外相も、野村吉三郎駐米大使への訓電において、「米国新聞通信社は米側の要求として、我方の仏印部隊全面的撤兵と資産凍結解除とを関連せしめる模様」[41]と書いていることから、東郷もこの記事を読んでいたと思われる。

おそらくこの時点で、陸軍、外務省ともアメリカの動向に関する決定的な情報を得ていなかったようである。そして彼らは情報部からのインテリジェンスではなく、中国が新聞にリークした情報に接し、アメリカから対日妥協案のようなものが来るのではないかと内心期待していた節がある。

しかしこのリークは中国側による最後の外交的抵抗のようなものであり、ハルには苦々しく受け止められていた[42]。ハルはハリファクス駐米英大使との会談で、中国側の漏洩工作について悪態をついているのである[43]。そしてハルは一夜の内に考えを変え、二六日にはより強硬なハル・ノートを日本側に提示することになった。

一一月二九日にハルからの回答を伝えられた佐藤は、「予想に反し全く強硬な内容で、これを見て

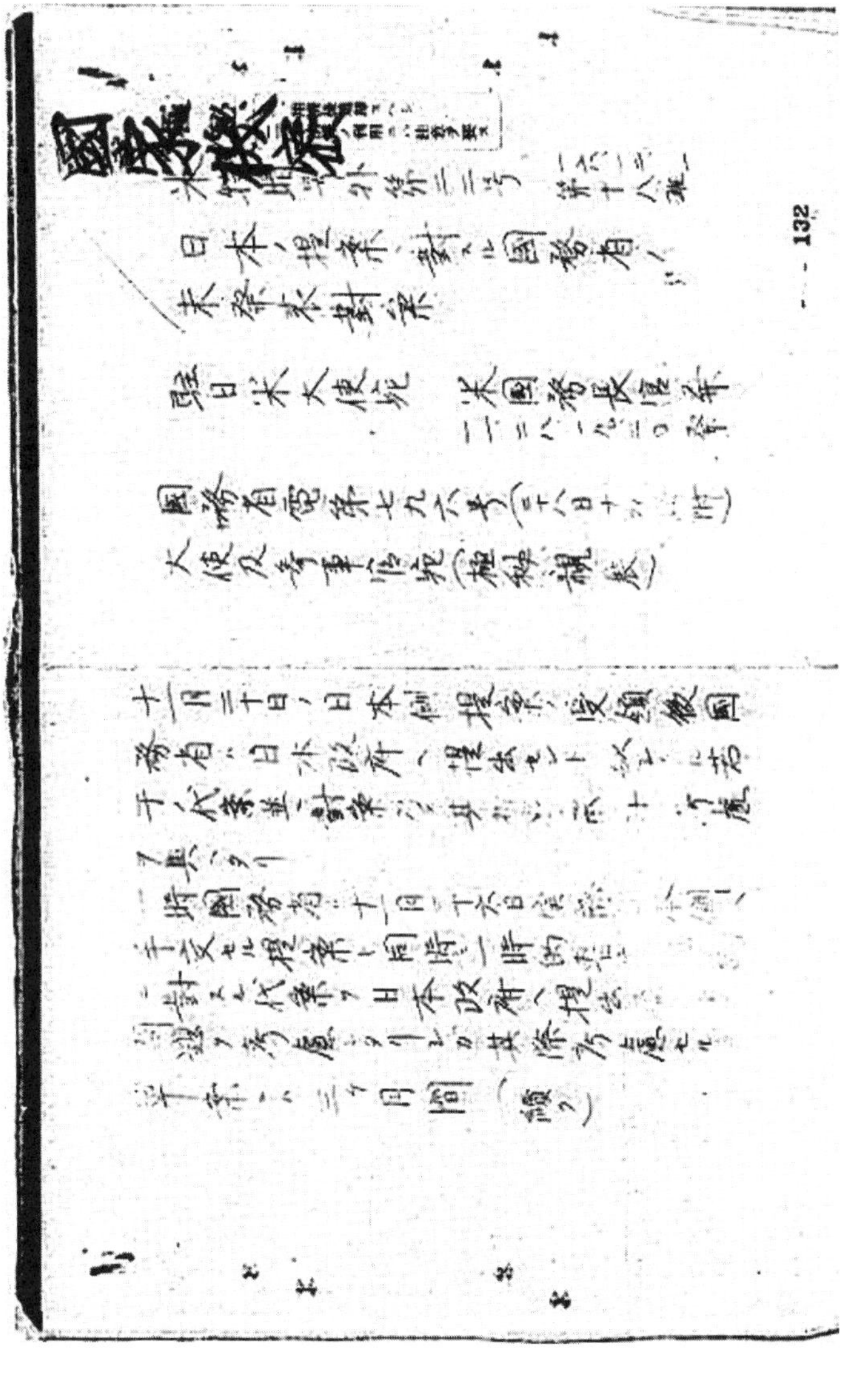

陸軍の特情班が解読した、ハルからグルーへの暗号通信（暫定協定案について）。
（JACAR（アジア歴史資料センター）Ref. B02030750400（第1画像）/日、米外交関係雑纂/「特殊情報」綴（外務省外交史料館蔵））

は外務、海軍等一部異論ある向も全く意見の出しようもなく、全員一致して御前会議において国策（開戦）に向かって邁進することに決まった」[44]と戦争への決意を固めている。

他方、東郷にとってハル・ノートは衝撃的な内容であり、これによって東郷は日米和平への熱意を失い、アメリカとの外交的解決を放棄した。ちなみに陸軍特情部は一二月一日、ハルからジョセフ・グルー駐日米大使に転電された暫定協定案の内容を傍受、解読している[45]。

暫定協定案をめぐる問題は、戦争の危機に直面したぎりぎりの判断が要求されていた時に、情報当局からのインテリジェンスではなく、中国側のリークに基づいた新聞記事に右往左往する政策当局の浮き足立った様子を表している。これは平時に日本の政策決定が日常的にインテリジェンスを使わなかったことが、非常時に仇となった例であるとも言えるだろう。

主観的判断と情報の政治化

以上、戦略レベルにおける政策と情報の関係を、三国同盟、独ソ開戦、暫定協定案の事例から概観したが、これらの例からだけでも日本に特有の問題がいくつか浮かび上がってくる。

三国同盟は情報を無視した結果の産物であり、そこにはまず独伊との同盟を結ぶという政策が先にあった。そしてそのような政策に反する情報は黙殺されるか曲解されたわけである。そこには政策サイドが意思決定を行う際に、情報サイドにインテリジェンスを求めるという思考が欠如しており、政策決定者は自らのイメージや観念に沿って政策を進めていた。これは一般に情報の政治化と呼ばれる問題である。

独ソ戦開戦に関しては、日本は事前の情報を得ていたにもかかわらず、それを有効に利用することができなかった。当時、日本の政策決定過程においては南部仏印進駐に関する陸海軍と政府内の調整で手一杯であり、たとえ機微に触れる情報が入ってきてもそれに対応することができなかったのである。しかし独ソ戦開戦情報は当時としては最重要の対外情報であり、イギリスはこれを巧みに利用した。その一方、日本の政策決定過程においては、そのような情報は一旦脇に置き、組織内部での意見調整に莫大な労力が割かれていた。対外情報よりも組織間の合意形成が優先された例であると言えるだろう。

暫定協定案の問題はさらなる検討が必要になってくるが、現段階では当時の政策決定の中枢がインテリジェンスではなく、新聞などの公開情報に頼っていた可能性を提示することができる。情報機関ならばそのような公開情報をさらに分析して、それが信用に足るかどうかの判定を行う能力を有していたが、政策決定者の場合は十分な判断材料を持ち合わせていない上、インフォメーションを吟味している時間もない。従って政策決定者の場合は、そのような公開情報を鵜呑みにしてしまう可能性がある。いずれにしても政策決定者が対外インテリジェンスにほとんど関心を抱かないというのは日本に特有の問題であろう。

肝心なのは、常に政策サイドから情報の要求を出し、情報サイドに情報を収集、分析させる情報運用である。これがすでに説明したインテリジェンス・サイクルに対する基本的な考え方である。そして政策決定者がリクワイアメントを発するためには、日ごろから国益を基にした戦略目標を検討していかなくてはならない。そうすることで情報へのニーズが生じてくるものである。

ただしこの点に関する問題意識がなかったわけではない。日米開戦前に参謀本部総務部長を務めた神田正種元陸軍中将は、作戦部が情報部に情報要求を発しないから情報部が機能しないと書き残しており、また情報部や研究機関と戦略・作戦の実施者との間のコミュニケーションが必要であり、作戦部は日々の仕事に追われて忙しいだろうが、研究機関が作った好資料（インテリジェンス）にもっと目を向けるべきであったと反芻している[46]。これは作戦と情報を同時に見ることができた総務部の立場としてはもっともな意見であり、またこのような記述からは未成熟ながらも「インテリジェンス・サイクル」の概念を読み取ることができよう。

また組織という観点から当時の日本のインテリジェンスを見た場合、日本には情報を集約・評価する組織が欠けていることで、情報を政策に活かすことが困難であった。組織の中に情報のダムのようなものがあり、そこへ常に情報が流れているのなら、政策決定者が情報を欲した時に情報を取り出すことが出来るが、情報のダムも流れもない場合、いざと言うときにどこから情報を報告させればよいのか見当がつかない。それどころか情報が干上がってしまって、どこにも欲しい情報がない場合もある。

そして日本の政策決定の中枢にまとまったインテリジェンスが定期的に上がってこないようでは、新聞などの公開情報を基にした主観的判断が助長されるのは当然の帰結である。

主観的判断が助長され、合理的思考が組織の中で埋没していった例は枚挙に暇がないが、最も有名なのは総力戦研究所の例であろう。総力戦研究所とは一九四一年四月、陸海軍や霞ヶ関の官庁から当時の若手官僚三五名を集め、日本が直面するであろう総力戦について研究するために、内閣直属の組織として設置された研究所である。

総力戦研究所の目的は、「国家民族の安全保障研究とその指導的人材の育成」であり、研究テーマは指示されることがあっても研究内容そのものはまったくの自主性に任されていた。このような組織は日本では例のないものであった。

そして一九四一年夏、各研究員が大臣の役割を請け負っての図上演習が行われた。この図上演習の結論は、日本は開戦から二年程度は戦えるが、四年後には国力を使い果たし、最後にはソ連の日ソ中立条約破棄による満州侵入で日本が敗北するという、見事としか言いようのないものであった[47]。

この演習の結果は、八月二七、二八日、首相官邸において近衛首相以下政府関係者列席の下で公表されたのである。このような報告を受けた東条陸相の感想は以下のようなものであったという。

諸君の研究の労を多とするが、これはあくまでも机上の演習でありまして、実際の戦争というものは、君たちの考えているようなものではないのであります。日露戦争でわが大日本帝国は、勝てるとは思わなかった。しかし、勝ったのであります。あの当時も列強による三国干渉で、止むに止まれず帝国は立ち上がったのでありまして、勝てる戦争だからと思ってやったのではなかった。戦というものは、計画通りにはいかない。意外裡なことが勝利につながっていく。したがって、君たちの考えていることは、机上の空論とはいわないとしても、あくまでも、その意外裡の要素というものをば考慮したものではないのであります[48]。

さらに一九四一年九月、陸軍省軍務課の戦争経済研究班も、対米戦の見通しについて、日本の生産力は限界に近く、開戦後二年間は抗戦も可能だが、それ以上は下降の一途となる。それに対して米英の生産力は上昇を続ける。ドイツの戦力は今が峠で、これからは下り坂である、持久戦には堪えがたい、という趣旨の報告を行っている。

これに対して、その場に列席していた杉山元参謀総長は、報告の調査は完璧で議論の余地はないが、研究班の結論は国策に反するとして報告書の焼却を命じたのであった[49]。すでにこの段階では、合理的思考よりも日本特有の場の論理や対外強硬論が蔓延しており、そこからの逸脱は許されなかったのである[50]。

その他の主観的な情勢判断の例は前述したように、欧州でドイツが勝利するという前提であったり、アメリカは長期戦に耐えられない、というものであった。特にアメリカに関しては、「複雑な人種問題を包蔵し、世論尊重と婦人優先の米国としては、長期大持久戦には堪えられないであろう」というようなことが真剣に議論されていたが[51]、このような意見は何の根拠もないものであった。

そして軍上層部における非合理な世界観は、陸軍よりも合理的であったとされる海軍においても程度の差はなかったようである。麻田貞雄（あさださだお）に拠れば、海軍首脳部はまず対米戦争ありきで、それに相反する情報、特にアメリカの強大な国力などに関するものは意図的に無視していたのである[52]。そこには「対米決戦」のスローガンの下で勢力を拡張してきた海軍の政策があり、たとえ負けるとわかっていても後には引けない状況であった。対米英戦を目前に控えた海軍も、客観的な情勢判断を考慮する余地を持ち合せていなかったのである。

第七章

日本軍のインテリジェンスの問題点

固有の問題点

戦前日本のインテリジェンスを概観していくと、そこには日本軍によるインテリジェンスの特徴が垣間見えてくる。陸海軍情報部は、少ない人員と予算の割に生情報やデータを収集していた。特に通信情報に関しては、これまで考えられていたよりも高度な能力を有していたと考えられる。また情報分析の手法に関しても、かなり洗練されていた側面があり、おそらく情報収集・分析活動そのものは、イギリスやアメリカと比べてもそれほどの遜色はなかったであろう。

従って太平洋戦争において問題であったと考えられるのはインテリジェンスそのものではなく、また情報がなかったために日本が戦争に追い込まれてしまったというわけでもない。そこには日本がインテリジェンスを扱う上で特有の問題が存在していたのである。それらは主に、組織における情報機関の立場の低さ、情報集約の問題、近視眼的な情報運用、そして政治家や政策決定者の情報に対する無関心、などであった。

情報部の立場の弱さ

日本軍のインテリジェンス活動における第一の問題点は、情報分析、評価担当の組織が曖昧なままで、この部分が機能的に分化されていなかったことである。組織上、情報分析は情報部の仕事であったが、これまで述べてきたように、実際の情報分析、情勢判断は、陸海軍の作戦部が行うことが多かった。なぜならすでに述べてきたように作戦部には優秀な人材が集まっており、また作戦部が情報部と同じようなインフォメーションを入手することが出来たため、作戦部と情報部の間で協力関係が築かれなかったことが大きい。わざわざ情報部でインフォメーションを分析しなくても、作戦部自らが分析、情勢判断を行い、それを基にして作戦を立案すれば良いというわけである。

しかし情勢判断の前にまず客観的な情報ありきである。これは身近な例で考えればわかることであるが、「天気予報を見てからこれからの外出を考える」、「ある企業の業績が良いからその株を買う」、というのはある程度合理的な判断である。他方、「晴れそうだから出かける」、「ある株が上がりそうだから買う」、というのは主観的な判断である。後者は先に行動するという前提があって、情報はその行動を説明するために利用されているに過ぎない。これが国家レベルの話になると、「ドイツが勝ちそうだから組む」、「アメリカが妥協しそうにないから戦争に訴える」、といった危険な考え方を導いてしまうのである。

これは一般的に情報の政治化と呼ばれる問題であり、行動しようとする人間が情報を扱い出すと、手段と目的が入り混じるために客観的な情勢判断がむずかしくなってしまう現象である。これに対する処方箋として、アメリカの著名なジャーナリスト、ウォルター・リップマンは、「実行するスタッフと調査するスタッフをできる限り厳密に分離しておくことしかない」[1]と述べている。

リップマンによれば、情報の政治化を防ぐためにはなるべく客観的な情報判断を提供してくれる、個別の部署が必要になる。卑近な例ではそれが天気予報であり、株のアナリスト、国家のレベルでは政府の情報機関ということになる。情報機関というのは行動する側になるべく客観的な情報を提供するのが仕事であるため、行動しようという思惑に引っ張られにくい。そのため、作戦部や政策決定というような行動する側と、行動の材料を与える情報組織は分離されていなければならない。

日本軍においては、この作戦と情報の機能が明白に分化されなかったことが問題であり、情報部の立場の弱さが作戦部による情報の政治化を容易にしてしまった。これはすでに述べてきたように、情報部が日本陸海軍の指揮命令系統の中で、ほとんど身動きできなくなったことから生じていた。また陸海軍の組織においては、情報と作戦・政策間の境界が曖昧であった。作戦部門が自分たちで情報を扱い出すことによって、情報部の存在意義を否定してしまうことになってしまったのである。

例えば、一九四四年のビルマ戦域において、英軍は日本軍について詳細に情報を集め、その上で作戦を練っていた。かたや日本軍は、情報や兵站をまったく無視したインパール作戦を決行し、自滅してしまった。この両者の差は、情報をとにかく重視したイギリス軍と、「作戦重視、情報軽視」の日本軍との考えの違いから生じていたのである。

ただし、イギリス情報部の長い歴史においても政策・作戦と情報の距離は問題であり続けてきた。イギリスは政策・作戦部門と情報を機能的に区別することによって問題を解決してきたが、現在でも両者の距離は依然として問題であり続けている。情報が政策サイドから遠いと見向きもされなくなるし、近すぎると政治的に利用されてしまうからである。それはＪＩＣ議長を務めたパーシー・クラドックの、「情報と政策にとって最も良い配置は、両者が分けられてはいるが、その壁は木賃宿のように薄く、お互いが出入りできるようなドアを備えておくことである」[2]という警鐘にも表れている。

情報集約機関の不在

一般的に、インテリジェンス・コミュニティーに収集される膨大な情報を整理するには、中央情報機関の存在が不可欠である。この機関は、情報の集約・評価を行い、また政策サイドにも必要なインテリジェンスを報告するという任務を負っている。現在のアメリカならばそれはＤＮＩ（国家情報長官）の役割であり、イギリスならばＪＩＣ議長ということになる。

トップの人間は情報源が複数あった方が、間違った情報のみを受け取るより安全であると考えがちであるが、それは情報同士を付き合わせることによってより精度の高いインテリジェンスを生産するという、情報の相乗効果を見落としている。また膨大な情報が複数のソースから供給された場合、多忙な情報カスタマーはあっという間に情報の洪水に飲み込まれてしまうであろう。

既述してきたように、イギリスは一九三六年創設のＪＩＣという優れた中央情報組織を有しているが、この組織は元々イギリスの対外戦略を検討するＣＩＤに有益な情報を供給するために創られた組織である。ＣＩＤは複雑化する大英帝国の世界戦略を解決するため一九〇四年に設置された組織であり、各分野の閣僚や専門家が集まって効率的な世界戦略を調整、策定するための組織であった[3]。イギリスが第一次世界大戦、第二次世界大戦を戦い抜けたのはこの組織に負う所が大きいが、このＣＩＤの性格からＪＩＣに求められていた役割を読み取ることが出来よう。ＪＩＣは対外・軍事情報のみを扱うだけの組織ではなく、そこではイギリスの世界戦略に関わるあらゆる種類の情報が集約、検討されていた。またＪＩＣから各政策官庁に情報のフィードバックが行われるため、そこで各組織間の情報共有も進む。

他方、日本の組織内では情報の集約というものがまったく行われていなかった。情報を一元的に集約・評価できなければ、情報はそれぞれの部局で都合よく評価されてしまう上に、各組織間の情報共有も進まなくなる。戦前、陸海軍や外務省の間で対外情報が共有されなかったことで、日米交渉時に対外政策を円滑に調整することができなかった。また戦争中も、陸軍は海軍からミッドウェイや台湾沖航空戦の結果を知らされることがなかったために、情勢を把握することなしに作戦を立案、遂行していたのである。

近視眼的な情報運用

日本軍の戦争方針は、基本的に日清、日露戦争に見られるような短期決着型のものであった。これは戦場で敵に打撃を与えておいて、有利な条件で講和に持ち込む、という方針であったため、必要とされる情報も軍事情報、特に作戦に寄与するような情報が大部分を占めていた。このやり方であると、戦術レベルでは情報が迅速に活用されるし、それらは現に真珠湾作戦や南方攻略戦においてその有効性は証明されている。この情報運用は、一九世紀後半にドイツ参謀本部が行ったような一連の限定戦争に対しては有効であったが、第一次大戦以降の総力戦には向いていなかった。

おそらく日本軍は本格的に第一次大戦を戦わなかったために、この総力戦というものを実感できていなかったのであろう。そして限定戦争の延長でしかインテリジェンスを捉えられなかったことが問題であった。日本軍、特に陸軍が太平洋戦争の緒戦では情報を集め、それに呼応した作戦を立案・実行することができたのに、それ以降そのような情報と作戦の連携がまったく上手くいかなくなった原因の一つに、陸軍が初めからシンガポール攻略までしか想定していなかったことが挙げられる。その後一九四二年になると陸軍はまた北方を戦略の重心にする想定であったので、戦術的にシンガポールを攻略してしまえば、あとは海軍の領域と考えられていたのである。よって陸軍が欲した情報は、英領マレー、シンガポール、蘭印などを攻略するための限定された軍事情報であり、陸軍がガダルカナル戦まで米軍のことをほとんど調べようとしなかったのもある意味理解できよう。

当時の日本軍の組織的特性としては、優秀な人間を集めた作戦部にすべての情報が集まりそれを分析する、すなわち作戦と情報が同じ所で行われるような仕組みになっていた。この仕組みであると、作戦部が作戦と情報を両方扱うために、作戦や戦略のためにどのような情報や分析が必要なのか、という情報のニーズをすぐに作戦へと反映することが出来るが、その反面、複雑な情報分析、評価を必要とする中長期的なインテリジェンス運用には向いていない。

このようなシステムのため、日本軍は短期的な作戦レベルの情報運用には秀でていた。しかし欠点としては、作戦・政策の役に立たない大局的情報や、将来役に立つかもしれないような情報は無視されてしまう。本来、客観的な情勢判断のためにはあらゆる情報を、それがどんなに些細なものであってもそれを検討し、インテリジェンスに組み込んでいくべきなのであるが、作戦部が情報分析を行うと、いかに作戦に寄与するか、という極めて短期かつ主観的な態度で情報が取捨選択され、情報部に対しては短期的に利用できるインフォメーションの類を要求するようになるのである。

そしてその結果、中長期的な戦略情報に基づいた情勢判断が出来なくなってしまう。三国同盟に調印することがどういった意味を持つのか、独ソ戦開戦は世界の軍事バランスにどのような影響を与えるのか、日米戦争はどうすれば回避できるのか、などといった大局的で戦略的な情勢判断を行うのではなく、戦前の政策決定においては陸海軍内外でのセクショナリズムが比重を占め、さらに日本軍は艦船比率や天候といったテクニカルで戦術的な理由から戦争を計画してしまうのである。

リクワイアメントの不在

インテリジェンスに求められる仕事は、情報を収集し、それらを分析・評価した上で、政治家や政策決定者に判断のための材料を与えることである。情報収集や情報評価というのはインテリジェンス・コミュニティーの問題であり、政策サイドがその情報を適切に利用するかについてはまた別の問題なのである。

戦前の日本は情報組織を有していたにもかかわらず、その使い方に習熟せず、インテリジェンス・コミュニティーに情報要求を出さなかったことが、戦争中の不振に繋がっていく。元来、作戦、政策サイドと情報サイドは車の両輪であり、政策サイドは国益に基づいた具体的なリクワイアメントを間断なく出しつづけることで、一方のインテリジェンス・サイドはそのようなリクワイアメントに応えることで、双方が鍛え上げられていくのである。

しかし政策サイドが情報要求を発するためには、まず国益についての十分な考察があり、そしてそのためにはどのような情報が必要なのか、といった姿勢が必要である。例えば第二次大戦開始後、チャーチルは戦争に勝つためには何が一番必要かという疑問を徹底的に考察し、その結果導き出されたのが「アメリカを戦争に引き込む」という戦略であった。そしてそのために、ワシントンにSISのアメリカ支部であるBSCを設置し、米世論の操作工作や、イギリスに好意的なローズヴェルト大統領の再選支援などを行った。当時イギリスが行っていた対米インテリジェンス活動は、「アメリカを引き込む」という一つの目的に収斂されていったのであり、その帰結が真珠湾であったとも言える[4]。

情報部からのインテリジェンスに対しては、それがカスタマーの意に反するものであっても正面から検討し、必要があればそれまでの政策に変更を加えなければならない。チャーチルは「独ソ戦近し」の情報を受け取ると、嫌悪していたソ連への支持を迅速に打ち出し、ローズヴェルトにもそのような方針を伝えている。

他方、松岡の三国同盟にソ連を加え、四国同盟とし、アメリカを牽制する、という発想もビジョンの大きな戦略であったが、問題はこのような戦略に情報の裏づけがなく、またこの戦略のために特に情報を集めようとしたわけでもなかったことである。強いて言えばこのような大戦略は松岡の希望的観測に過ぎなかった。

また太平洋戦争を導くことになった一九四一年の日米交渉においても、日本側にそのような発想は見られなかった。さらに末期になると日本の方針は、「戦争かジリ貧か」という単純なものとなり、このような政策を追求するだけならもはやインテリジェンスなど必要ない。要は、当時の日本に、真の意味でインテリジェンスを必要とする組織や戦略がなかったため、情報を無視しても政策や戦略を進めることができたのである。

リクワイアメントを発することの出来ない政策サイドは、戦略や国益に対する感覚が鈍っているとしか言いようがない。そして政策サイドからのリクワイアメントがない状態では、情報部は自らの存在意義を認識できず、ただインフォメーションを溜め込むだけの組織となってしまうため、情報部は徐々に機能不全へと陥っていく。このようなインテリジェンス・サイクルの停滞が、太平洋戦争中には陸軍のガダルカナルやインパールに対する見通しの甘さ、海軍のミッドウェイやレイテでの失敗といった形で露呈してしまったとも言える。そこには作戦サイドが情報サイドに情報を要求し、耳を傾けるという姿勢が欠落していたのである。

終章
歴史の教訓

本書は、日本軍のインテリジェンスを検討することにより、その特徴と問題点を描き出そうとしてきた。他方、戦前と現在の日本のインテリジェンスには共通する点も多く、歴史の教訓を生かしていくために現在の問題についても若干考察していきたい[1]。

戦前の問題点を踏まえた上で現在の日本のインテリジェンスを見た場合、①組織化されないインテリジェンス、②情報部の地位の低さ、③防諜の不徹底、④目先の情報運用、⑤情報集約機関の不在とセクショナリズム、⑥長期的視野の欠如による情報リクワイアメントの不在、といった特徴が垣間見えてくる。

これらの特徴を踏まえておかないと、日本に新たな対外情報機関のようなものが創設された時に、それが機能しない可能性は高いと考えられる。本章では日本においてインテリジェンス活動を阻害することになるであろう問題点を列挙していく。

(1) 組織化されないインテリジェンス

まず情報活動のスタイルに関して、日清、日露戦争期から続く日本のインテリジェンスは計画的、組織的というよりは、現場を指揮する士官が個人的に行うことが多かった。このやり方は現場においては柔軟性があったが、やはり米英ソなどの組織的なインテリジェンス活動に対しては効果を発揮することができなかった。

ソ連情報の専門家であった林は、「非常に組織化されたソ連の防諜組織の間隙をぬって情報を収集するには、情報収集網を組織化しなければならぬと我々は考えた。つまり組織に対しては組織をもって対抗すべきだとの考え方である」と回顧している[2]。そしてこのような反省から陸軍中野学校が創設されたのである。しかしその中野学校にしても究極的には個々人の能力を高めるものであり、さらにはそのようなインテリジェンス・オフィサーを活かすことができるような組織編制が行われなかったために、結局、中野学校の卒業生たちはその高度な能力を十分に活かすことができなかった。

戦前日本の情報活動が細々としたものになってしまった背景には、情報業務は他の部局から評価されがたい、という個人的な要因があると思われるが、本来、国家の情報業務をそのような矮小な動機に還元するべきではない。日露戦争時の石光真清や明石元二郎といった人物は、私的な事情は脇において、国家のために情報業務を行い続けた。石光などは軍籍を離れていたために、日露戦争の後は困窮した。また中野学校でも繰り返し教えられたのは、「栄誉を求めるな、雑草となれ」ということであり、この点が理解できなければ、インテリジェンスに携わっていくことはむずかしい。

本来、情報業務とは地味で目立たず、情報を取ってきたからといってもあまり評価されない上に、評価基準すらも明確でない。情報業務で勲章をもらったというのはあまり例がない。そうなるとどうしても多くの士官は情報よりも作戦や政策を志向し、一部の情報に熱心な人間か、業務に余裕のある人間しか情報に手を出さなくなるため、情報活動は細々としたものになってしまうのである。

これは戦前から戦後に通じての日本特有の現象であるが、このような個人的なやり方では限界があるのは明らかであろう。この点で歴史に学ぶとすれば、やはり組織的な情報活動の必要性と、各組織のセクショナリズムの排除、そして優秀な人材を組織的に活用することが挙げられる。どんなに優秀な人材がいても、それを組織的に活用できなければ意味がなく、また組織間のセクショナリズムによってそのような動きが妨げられてはならないのである。

戦後の日本もきわめて小規模な情報組織しか有せず、ほとんどの情報活動は個人の地道な活動によって支えられてきた。現在日本のインテリジェンス・コミュニティー全体で使われる予算は推定で一〇〇〇億円以内と考えられる。アメリカのインテリジェンス全体の予算が年間三兆円強、イギリスが三〇〇〇億円程度と言われているのに比べると、いかに細々と行われているかがわかるであろう[3]。

現段階で必要なことは、現状のインテリジェンス・コミュニティーを組織的に機能するようにすることである。現在、日本には、内閣情報調査室、防衛省情報本部、自衛隊の各幕情報部、公安調査庁調査第二部、警察庁外事情報部、外務省国際統括官組織、海上保安庁警備課など、コミュニティーは細分化され、各組織は上手く連携が取れていない。現状ではそれぞれの組織が独自に情報収集を行っているのである。

今すぐにこれらの情報組織をまとめて一つの中央情報部にする必要性はないように思えるが、少なくともこれらの組織にどのような情報を収集させるかについては、組織的に計画されるべきであろう。そのためにはまず、内閣官房の下に権限を持った情報会議のようなものを組織し、情報コミュニティー全体を指揮させるしかない。

そして現状ではどうしても予算と人員が限られている。特に優秀な人員の不足は深刻であるため、良質で大量のインテリジェンス・オフィサーを供給することが何より必要である。戦前の日本は、有名な陸軍中野学校や、ロシア研究のために設立されたハルピン学院、そして関東軍情報部が有していたロシア語通訳養成所などによって人材の育成を行っていた。今の日本に欠けているのは、このような専門の教育機関であろう。

従って現在の日本に早急に必要とされるのは、組織的、計画的に運営されるインテリジェンスと教育機関、そして情報のプロが活躍できる場やポストである。戦前日本のインテリジェンスにおいては、頻繁な人事異動のために、プロフェッショナルとしての情報分析官や情報に精通した士官がなかなか育たなかった。これは現在にもある程度当てはまる。良き情報マンを育てるには、教育の場と現場において長くインテリジェンスに関わらせる以外にない。そして彼らが安心して情報業務に専念できるように、組織的なバックアップ、具体的には中長期的なキャリアパスを提示していく必要性があるだろう。

(2) 情報部の地位の低さ

情報部の地位の低さというのも日本に特有のものである。英米、特にイギリスでは最も優秀とされる学生がインテリジェンス・コミュニティーにリクルートされるため、英秘密情報部（ＳＩＳ）は一九〇九年の創設から二〇〇六年になるまでスタッフの公募を行わなかったほどである。

それではなぜ優秀な人材がインテリジェンスに集まるのであろうか。これはあえて誇張して言えば、国家の存亡が関わるインテリジェンス業務にベスト・アンド・ブライテストが選ばれるのは当然であるという考えからであり、リクルートされる側もそのような自負や国家に貢献するというやり甲斐を感じてインテリジェンスのドアを叩くのである。

戦前の日本では、組織上、作戦部と情報部は対等であったが、実際の権限は作戦部の方が強く、そのことが作戦部の情報部軽視の姿勢を招いた。これはすでに説明してきたように、軍隊の組織における構造的な問題と、「作戦重視、情報軽視」の思考から作戦部に優秀な人材が集められたからである。

戦後においては、作戦部が政策部局になっただけの話である。そして各省庁の情報業務は昇進ポストなどではなく、時には体を壊した者が行くような部局であるイメージがあった。このようなメンタリティーがある限り、日本に新たな情報組織を創設したとしても、それが従来の政策部局や政策決定者に受け入れられるのか、といった問題がつきまとう。

これに対しては、インテリジェンス自体の質を高めていくことが重要である。今ある組織でも人員と予算をもう少し投入することで、生産されるインテリジェンスの質は高まっていくだろう。その結果、政策決定者のインテリジェンスに対する需要が高まり、政策サイドからのリクワイアメントを導く、という状況が生まれるかもしれない。戦前、参謀本部作戦部は情報部のロシア情報には信頼を置いていた。これはロシア課が膨大な労力を使って情報を収集し、質の高いインテリジェンスを生み出していたからである。

(3) 防諜の不徹底

防諜に関しては、陸軍と海軍で異なった結果を残している。陸軍は憲兵隊などの防諜機関を有していたため、目に見えるような機密漏洩の愚は犯さなかったが、特に防諜機関を有していなかった海軍などは、海軍甲事件、乙事件などを引き起こしている。そして海軍の対応に見られるのは、機密流出に対する認識の不徹底と、身内への甘さである。昨今、日本でも生じている機密流出や、スパイ関連の事件などを見ていても、そこには戦前と共通した問題が見られる。すなわち、防諜機関による機密保持機能のなさと、機密が漏洩した後の処分、対策等の不徹底である。

現在の日本の場合はまず、機密保全の法律が欠如しており、機密を漏らしても、国家公務員一般の守秘義務違反(懲役一年以下)に問われるだけであり[4]、民間企業や外国人に関してはまったく取り締まりようがない。厳密な軍機保護法の存在した戦前ですら日本海軍は機密を守り抜けなかったのであるから、この問題は深刻であると言って良い。

しかし現在、戦前のような機密法やスパイ防止法のような法律を新たに作るのは、世論の動向などからも困難である。現実的には、機密に関わる者に対するセキュリティ・クリアランスを断続的に実施することと、各省庁で不均等な機密に対する手続きを画一化することから着手していくべきである。

これに関しては、内閣情報衛星センターで行われているような「衛星秘密」という考え方が参考になろう。これは、衛星写真のような機微な情報を取り扱う際に、それを取り扱う保全体制が整っているかどうか事前にチェックされた上で、初めて機密へのアクセスを許可される、といったものである[5]。

ただし注意しなければならないのは、戦前の例を見た場合、必ずしも厳密な機密法が陸海軍の情報共有を促したとは言えない。これは情報共有を進めるにあたって、機密法の類は必要条件ではあるが、十分条件ではないということであり、機密法が日本の組織間のセクショナリズムを越えて機能するかどうかは別問題である、ということは考慮しておかなくてはならないだろう。

(4) 近視眼的な情報運用

日本が戦術的なインテリジェンス運用を比較的得意としていたことはすでに述べてきたが、逆に戦略的なインテリジェンスの利用は不得手であった。戦術情報は迅速に戦闘に活かされるため、情報収集が作戦の一部となり、情報サイドのインセンティブも上がる。しかし中長期的な情報となると、情報収集、分析が政策や戦略にダイレクトに繋がらないため、情報サイドのインセンティブは上がらない。

現在においても、これは重要な命題の一つである。現在の日本の外交・安全保障政策を概観していても、目先の対応のために情報を集めがちで、長期的な展望から情報を集めて利用しようとする姿勢があまり見られない。おそらく、現在の防衛省・自衛隊にしても、「情報収集」といえばそれは短期的な情報（例えばミサイル・ディフェンスのための敵ミサイルに関する情報収集や、イラクの現地情勢に関する情報など）を指す事が多く、長期戦略的な視野から情報が語られる機会はあまり多くないようである。この原因を突き詰めていけば、中長期的な戦略を練る部局が存在しないために、それをサポートするインテリジェンスが必要にならないということであり、やはり情報を利用する側に中長期的な展望が求められているということなのである。

短期的なインテリジェンス利用に関しては、すでに述べてきたように、収集から利用までのタイムラグが短いため、そこに主観や推測の入り込む余地が比較的少ない。これに対しては、情報が歪められる前に政策サイドへ情報を上げることと、頻繁な情報のアップデートが必要となってくる。そして政策や作戦サイドは、情報が上がってくる度に決定を先送りにするのではなく、なるべく決断を早めに行うべきである。

より深刻な問題は、タイムラグが長くなる場合の情報運用である。これに関しては、戦前から現在に至るまで、日本が苦手にし続けている領域であろう。この時間差が長くなればなるほど、組織間の軋轢や、主観といったものが入り込んでしまう。これは後述するが、情報集約機関とリクワイアメントの不在の問題にも関係している。情報をどこに報告すれば良いのかが明確に決まっていない場合、情報は霧散してしまう。また、政策サイドは長期的な観点からの政策立案よりも短期的なものを得意としがちであることからも、長期的視野に立った情報運用は行われがたい。従ってこの問題に対処するには、政策サイドが常に国益に基づいた計画を立案し、必要なインテリジェンスを情報サイドに要求するという姿勢を根づかせる必要がある。

また、政策と情報の距離に関してはつねに慎重にならなければならない。政策と情報の距離が近すぎると、情報は政治化されてしまう。これは、三国同盟を締結するにあたって、松岡外相が意図的に情報を取捨選択していたようなものである。一方、距離が遠すぎると、今度は情報が見向きもされなくなってしまう。戦後長らく、日本のインテリジェンス・コミュニティーはこのような状況に甘んじてきた。理想としては、情報が政治化されてしまうことなく、かつ常に双方で情報をやり取りできるような距離を保つことが望ましいが、これは困難な課題となるだろう。

(5) 情報集約機関の不在とセクショナリズム

情報集約に関しては、組織のあり方にかかっている。戦前の日本において、陸軍の情報は参謀本部第二部、海軍の情報は軍令部第三部に集約されることになっていたが、そこからどのように情報を利用していくかという観点が欠落しており、また陸海軍の情報をお互いに共有するという理念もなかった。情報がどこかに集約されないと、情報はさまざまな部局で都合よく解釈され、そのまま政策や戦略に利用される。

では、当時の日本にイギリスのＪＩＣのような情報集約組織があれば、上手く情報が集約されたのか、というとおそらくそうはいかなかったであろう。この問題は本来、各組織のセクショナリズムに端を発する問題であり、日本におけるこの問題は根深いものがある。陸海軍は戦争で国が崩壊するところまで追い詰められていたにもかかわらず、最後までそれぞれの領域を守ろうとしたのである。

現在の日本にもこの構図は当てはまる。外務、防衛、警察などの各省庁は、お互いの持つ情報を交換し合うでもなく、独自のルートで官邸に情報を届けている。しかし情報の受け手となる官邸には、戦略的な観点から総合的に情報を評価する部局がない。その結果、官邸においては外務省からの海外情報、防衛省からの軍事情報、警察からの公安情報などがばらばらに届けられ、必要に応じてそれらの情報を取捨選択せざるを得ない状況となってしまう。これは戦前の状況と酷似している。陸海軍、外務省の収集するインフォメーションはお互いで共有するわけでも、一ヵ所で検討されることもなく、目先の作戦や政策の必要に応じて取捨選択されていた。その結果、大局を見据えた戦略的な判断ができなくなってしまったのである。

イギリス型のインテリジェンス・コミュニティーは、組織間の横断的協力（Collegiality）とそれによる情報共有が基本的な枠組みである。組織間関係が水平的で横のつながりがあれば、情報要求なども比較的行いやすい。これに対して戦前の日本は軍隊式の指揮命令系統（Chain of Command）、戦後は縦割の官僚システム（Bureaucracy）の枠組みでインテリジェンスを扱おうとしたが、これでは構造的に上手く機能しない。情報は他の情報と付き合わせることによって価値が高まるため、インテリジェンス・コミュニティーにとって情報の共有は、至上命題なのである。

従って情報を共有するためには、アメリカ型の強力な権限を備えた中央情報機関を作って他の組織から情報を集めてくるか、イギリスのように各組織が持っている情報をお互いに出し合うような協力関係を構築するかである。

おそらく前者の場合なら内閣情報調査室を強化するという方向に向かうであろうが、大統領制でない日本の政治システムでは、内閣情報官が国家情報長官（ＤＮＩ）のような権限を持つまでには至らないと考えられる。後者の仕組みならば、まずそれぞれの組織内にお互いの連絡部署を作り、情報が共有されるような仕組みを整備する必要がある。お互いの意思疎通が進めば、インテリジェンス・コミュニティー内部、そして政策部局と情報部局の組織間関係も協業的なものに近づいていくかもしれない。

現在、この問題を解決するため、情報の集約・共有を目的として、一九八六年に合同情報会議が、一九九八年に内閣情報会議が正式に設置されたが、この仕組みは現在の所あまり機能していない[6]。これは官僚システムがインテリジェンスを扱うという構造的な問題に加え、各組織のセクショナリズムも根強く残っているからである。それらは、「正直に情報を出した所が損をする」、「情報を持っておくことが組織の利益になる」、といった考え方に象徴されている。

この風潮を是正するためには、情報は集約の上、分析・評価する方が効果的であり、またつねに省益を超えた国益を念頭に置くべきである、という考え方に切り替えなければならない。

ここではインテリジェンスは個人のためでも省庁のためでもなく、結局は国家のためであるという基本的な原則に立ち返ることが重要である。

（６）戦略の欠如によるリクワイアメントの不在

インテリジェンス・サイクルが上手く機能するために最も重要な要素は、政策サイドから情報サイドに情報のリクワイアメントを発することである。そしてリクワイアメントを出すためには、政策サイドもつねに長、短期の視点から日本の国益とそれに対する政策を考え続けなければならない。そのような姿勢が根づけば、情報（インテリジェンス）が必要になってくるはずである。もし政策サイドから明確なリクワイアメントを発することが困難であれば、英ＣＩＤや米ＮＳＣのような戦略立案・調整機関が必要になってくるであろう。

また政治家や政策決定者が対外情報にあまり関心を持たないというのも日本の特徴であると言える。ただしこれは日本の政治家が情報に疎いということではない。日本の政治家は、選挙の票読みなどに関しては相当な情報力を発揮するものである。従って政策決定者が国家や国益というものに真正面から向き合った場合、対外情報の類はおのずと必要になってくるのである。

現状では、政策サイドが政策を立案する際に、直接自らが情報を集めてくる傾向がある。これは戦前の作戦部が情報を取り扱っていたのとまさに同じ状況である。これでは情報の政治化の問題もあり、また政策サイドは無駄なことに時間を費やすことになってしまうであろう。要するに、インテリジェンスが必要となるような政策立案過程というものがなければ、対外情報機関などを設置しても宝の持ち腐れになるということである。

おそらく、現状でも日本は優秀な政策部局を持ち、また情報サイドも少ない予算の割には優秀である。そして同じことが戦前の日本にも言えた。陸海軍の作戦部は優秀そのものであったし、情報部も人手や予算不足の割にはかなりのレベルに達していた。従ってこの両者を上手くリンクさせることができれば、日本の情報コミュニティーはそれなりに機能し出すはずである。そのためにはまず、政策サイドが情報のリクワイアメントを発し、インテリジェンス・サイクルを機能させる必要があるだろう。

戦前の日本には、インテリジェンスが政策に活かされる余地はほとんどなかった。情報部に求められたのは、インテリジェンスよりもインフォメーションの報告であり、そのようなインフォメーションですらも政策、作戦部局に恣意的に利用されていた。そして何よりも、当時の政策決定過程において重要視されたのは、情報ではなく、各組織の合意形成であった。この原因は既に述べてきたように、政策決定過程の煩雑さにある。

従って政策決定過程においてインテリジェンスの機能する余地を拡大しようとすると、過程におけるその他の不要な要素を削減していかなくてはならない。現在においても根回しが必要な組織間関係や複雑な合議（あいぎ）決裁などはこの例として挙げられる。インテリジェンス・サイクルのみに基づく完全な合理的政策決定モデルなどこの世に存在しないが、少なくとも「ゴミ箱モデル」のようなシステムは避けなければならないだろう。

最後に、現在に特有の問題を考えた場合、重要なのは世論の影響である。これに対しては、世論一般に向けてインテリジェンスに関する記事や研究を発信し、世論の理解を得ていくしかない。また国会などに情報委員会を設置し、インテリジェンスの運用に関する透明性をある程度確保していく必要性がある。

高木惣吉

戦後、元海軍省調査課長の高木惣吉（たかぎそうきち）が以下のように述べている。

第五次吉田内閣のころと思うが、内閣情報部をつくるということが問題になったことがある。すると新聞やラジオはすぐに戦争中の情報局を連想して、また報道や世論の干渉を目論んでいるのではないかと一斉に反対したが、政府でも一向にその趣旨の説明もしないで立消えとなってしまったが、これは朝野ともにインテリジェンスとインフォメーションの区別がはっきりしていない証拠である。7

このような高木のコメントに類似した例は枚挙に暇がない。今日ですらインテリジェンスとインフォメーション、憲兵と特高などが混同されて議論されることがある。これは主に一般のインテリジェンスに関する知識や関心（インテリジェンス・リテラシー）が低いことが原因であろう。従って政府は常に説明を怠らず、また実務経験者や研究者などは、この分野に関する意見や研究を活発に発信していかなくてはならないのである。

イギリスでは二〇〇五年七月七日に生じたロンドンでの爆弾テロ以降、警察やＭＩ５の対テロ部局が、監視カメラや電話の盗聴などによって市民への監視体制を強めたが、これに対して世論からの反発は少なく、当局は世論の理解を得ながら情報活動を行うことができた。イギリスのマスコミの間では、国家の安全保障や機密事項に対してはこれを尊重するという暗黙の了解が存在しているそうなのである。そしてその結果、ちょうど一年後にはヒースロー空港において、爆発物を機内に持ち込もうとしたテロ容疑者を一斉に検挙、大規模テロを未然に防ぐことができたのである。

われわれが戦前の日本から学べる教訓は少なくない。現在の日本のインテリジェンスのために重要なことは、各組織のセクショナリズムの緩和と情報部の立場強化、そして収集した情報の集約・共有である。また政策サイドは情報サイドを尊重し、インテリジェンス・サイクルを機能させるために、つねに情報サイドに対して情報のリクワイアメントを出し続けることである。恐らく、政策と情報の間の緊張感が保たれることによって、このような仕組みは徐々にではあるが、着実に進歩していくであろう。そしてこのような仕組みが整った時に、初めて本格的な対外情報組織が機能する条件が整うのではないだろうか。

「戦争中、日本は情報戦に負けた」と言われているが、それは暗号を解読されていたという単純なレベルのものではない。暗号解読に関して言えば本文中で述べてきたように、日本も連合国の暗号をある程度解読していたため、この分野で日本がまったく無防備であったというわけではない。

それよりも深刻な問題は、日本がインテリジェンスを組織的、戦略的に利用することができなかったという組織構造や、対外インテリジェンスを軽視するというメンタリティーにあった。イギリスなどと比べると、政治家が情報を戦略的に利用する意図が低かったために、日本が戦略的劣勢に追い込まれてしまったということである。この点をよく理解しておかなければ、いずれまた同じ過ちを繰り返すかもしれない。

日本は本来、情報によって政策や戦略を決めてきた経緯がないのだから、現状でも良いではないか、という意見もあるが、情報に基づかない政策を推し進めた結果、日本は日中戦争や太平洋戦争を戦うことになったのである。また視野を広く取れば、幕末から日清、日露戦争まで、実は日本が対外情報を巧みに利用することによって乗り越えてきた事例も少なくない。

戦後、日本はアメリカの核の傘ならぬ、情報の傘によって守られてきたが、この先も同盟国からの情報提供に頼れるかどうかはわからないだろう。そして現在も日本を取り囲む国のほとんどは情報組織を有しているため、将来的には日本が望むと望まざるとにかかわらず、インテリジェンス能力を整備する必要に迫られてくるのではないだろうか。

※なお、引用については、歴史的叙述のため、原文のママとしました。

あとがき

昨年夏、私はケンブリッジ大学のコーパス・クリスティ・カレッジに、インテリジェンス研究の泰斗である、クリストファー・アンドリュー教授を訪ねた。その時教授は、今何の研究をしているのかと尋ねられ、私は「日本軍のインテリジェンスについて調べていますが……」と答えた後、いつものお決まりの台詞を付け加えてしまった。

「でも、戦前の史料はほとんど残っていなくて、なかなか研究が進まないのです」。

ここで普通なら「そうなのですか、大変ですね」といった反応が返ってくるのだが、アンドリュー教授の対応はまったく異なっていたのである。

「けしからん！　史料が少ないからといって言い訳をしてはならない。イギリスのインテリジェンス研究にしても、一昔前まではほとんど公開されている史料などなかったが、それでも私はやってきた。それに史料が少ないのはインテリジェンス研究に限ったことではない。例えば中世史の研究を見たまえ。史料が少ないという理由で歴史が記されなかったことがあるかね。あなたの言っていることは研究者の怠慢に過ぎない」。

私はこの教授の言葉に反省するのみならず感銘さえ受け、日本に戻ってから再び史料と向き合うことになった。私の奉職する防衛研究所の史料室は日本でも有数のミリタリー・アーカイヴを有しており、史料庫を丹念に探せば情報関連の史料は次々と出てきた。そしてこれらを基に、研究をさらに進めることができたのである。

この小著では、「日本（軍）の組織においては、なぜ情報が戦略や政策に上手く活かされないのか」という問題について考察してきたわけだが、その発端は、現在の日本のインテリジェンスへの関心であった。最初はインテリジェンスの組織論、特に米英のインテリジェンスがどのようなものであるのかを調べていたが、しばらくすると、アメリカは大統領制でそのような制度下の情報組織はあまり参考にならない、イギリスも日本と政治制度が似ているようであるが、じつは多くの面で異なっている、というような事実に突き当たった。そして、それではわが国の過去のインテリジェンスはどうであったのか、という疑問に至ったのだが、それについて詳しく書かれた研究書などはほとんどなく、結局、一次史料から調べることになったのである。なお、この調査の過程においては、以下の三つのグループからの協力に負う所が大きい。

まずは私の所属機関である防衛省防衛研究所である。既述のように、防衛研究所の史料室には旧軍の史料が多数眠っており、職員である私はそれらの史料を自由に閲覧することができた。これは研究者にとって贅沢な環境である。

元来、私の専門はイギリスの外交とインテリジェンスであり、日本軍についてては浅学であったが、幸い防衛研究所戦史部には旧軍や安全保障研究の専門家が揃っており、わからないことがあればつねに誰かを摑まえて質問することができた。このような私に対して、時間を惜しまずにいつも親切に答えて下さった、加賀谷貞司、塚本隆彦、庄司潤一郎、相澤淳、石津朋之、立川京一、進藤裕之、中島信吾らの諸先輩方に感謝したい。

ＰＨＰ総合研究所の「日本のインテリジェンス体制の変革」研究会からも多大な知識や刺激をいただいた。本研究会は二〇〇五年から二〇〇六年にかけて実施されたものである。そこでは、霞ヶ関の実務家や研究者が毎月のように議論をぶつけ合い、今の日本のインテリジェンスに何が必要なのかを学ぶことができた。

特に研究会の委員であった、北岡元、落合浩太郎、金子将史の各氏にはお世話になった。またここで名前を出すことはできないが、内閣情報調査室、防衛省・自衛隊、外務省、警察庁、公安調査庁において、今もインテリジェンスの最前線で活躍され続けているプロフェッショナルの方々からも、示唆に富んだ意見をいただき感謝している。このような実務家の意見は、普段机に張りついている我々研究者にとっては得がたいものである。

京都大学で行われている情報史研究会からは、情報史という観点からさまざまな意見を拝聴することができた。大学の諸先輩や友人、そして中西輝政教授との刺激に満ちた議論はいつも延々と続き、そこから研究に関する知見を得ることができたのである。

また、本書の原稿を事前に精読し、貴重なコメントをくださった、防衛研究所史料室の原剛、外務省の北岡元、日本政治外交史研究家の宮杉浩泰の各氏、そしてアメリカの情報関連史料を提供していただいた静岡県立大学の森山優助教授らの協力にも深謝したい。

なお本書の出版は、講談社選書出版部の井上威朗、山崎比呂志の両氏に負う所が大きい。両氏の御尽力がなければ、本書が日の目を見ることはなかったであろう。

そして最後に、私をいつも励まし、支えてくれる妻、千春に本書を捧げたいと思う。

二〇〇七年二月　小谷　賢

註

●はじめに

1 学会における最近の議論については以下を参照。服部聡、簑原俊洋、井口武夫「日米開戦に至る日本外交の再構築」（日本国際政治学会二〇〇四年度研究大会）、森山優「戦前期日本の暗号解読能力に関する基礎研究」（日本国際政治学会二〇〇四年度研究大会）、杉原誠四郎「日米開戦における日本側のアメリカ外交電報解読史の発掘の経過」（平成一七年度軍事史学会年次大会）。

2 ここにすべてを記載することはできないが、主なものを挙げておく。有賀傳『日本陸海軍の情報機構とその活動』（近代文藝社　一九九四）、杉田一次『情報なき戦争指導』（原書房　一九八七）、実松譲『日米情報戦記』（図書出版社　一九八〇）、堀栄三『大本営参謀の情報戦記』（文藝春秋　一九八九）、今井武夫『昭和の謀略』（原書房　一九六七）、林三郎『関東軍と極東ソ連軍』（芙蓉書房　一九七四）、中野校友会『陸軍中野学校』（原書房（非売品）一九七八）。特務機関に関する著作も数多く出版されているが、内容を精査することが困難である。古谷多津夫『これが特務戦だ』（富士書房　一九五三）、木村文平『恐怖の近代謀略戦』（東京ライフ社　一九五七）、A・ヴェスパ（山村一郎訳）『中国侵略秘史』（大雅堂　一九四六）、西原征夫『全記録ハルビン特務機関』（毎日新聞社　一九八〇）、岡村秀太郎『特務機関』（国書刊行会　一九九〇）、山本武利『特務機関の謀略』（吉川弘文館　一九九八）。

3 「ツィンメルマン事件」とは、イギリス海軍の通信情報部が一九一七年一月に傍受、解読した、ツィンメルマン独外相の秘密文書である。この文書の中身は、ドイツがメキシコにメキシコ参戦の代償として、米領ニューメキシコの一部を割譲しても良いというものであり、この文書がイギリスからアメリカ側に渡ったことで、当時のウィルソン米大統領は衝撃を受けたという。「ウルトラ情報」は連合国が傍受、解読したドイツのエニグマ暗号の解読文のことである。これがなければ第二次世界大戦の終結は数年遅れたと言われるほどの情報であった。

4 主なものとしては以下を参照。J.W. Bennett, W.A. Hobart, J.B. Spitzer, *Intelligence and Cryptanalytic Activities of the Japanese During the World War II* (California：Aegean Park Press 1986)；Stephen C. Mercado, *The Shadow Warriors of NAKANO* (Washington D.C.：Brassey's 2002)；Richard Deacon, *Kempei Tai：A History of the Japanese*

Secret Service（Berkley Pub Group 1985）; Tony Matthews, *Shadows Dancing : Japanese Espionage against the West, 1939-1945*（New York : St. Martin's Press 1993）; J. W. M. Chapman, "Japanese Intelligence 1919-1945 : A Suitable Case for Treatment", in Christopher Andrew and Jeremy Noakes, *Intelligence and International Relations 1900-1945*（Exeter UP 1987）, Ian Nish, Japanese Intelligence and the Approach of the Russo-Japanese War, in Christopher Andrew and David Dilks, *The Missing Dimension*（University of Illinois Press 1984）, Michael Barnhart, Japanese Intelligence before the Second World War : "Best Case" Analysis, in Ernest May, *Knowing One's Enemyies*（Princeton UP 1986）; Erik Esselstrom, Japanese Police and Korean Resistance in Prewar China : The Problem of Legal Legitimacy and Local Collaboration, *Intelligence and National Security*, Vol.21, No.3.,（June 2006）.

5 大森義夫『国家と情報』（WAC　二〇〇六）、二五七頁。

6 Christopher Andrew & David Dilks, *The Missing Dimension, Governments and Intelligence Communities in the Twentieth Century*（University of Illinois 1984）, p.6.

7 北岡元『インテリジェンス入門——利益を実現する知識の創造』（慶應義塾大学出版会　二〇〇三）、一〇頁。

8 中野校友会、七頁。

9 日清、日露戦争期の情報収集活動については以下を参照。谷壽夫『機密日露戦史』（原書房　一九六六）、稲葉千晴『明石工作——謀略の日露戦争』（丸善　一九九五）、同「日露戦争中の日本諜報システム」（東洋英和女学院大学短期大学部一九九六年度「研究紀要」第三五号）、リチャード・ディーコン（羽林泰訳）『日本の情報機関』（時事通信社　一九八三）、五十嵐憲一郎「日清戦争開戦前後の帝国陸海軍の情勢判断と情報活動」（『戦史研究年報第四号』平成一三年三月）、同「帝国陸海軍の情報と情勢判断」（『防衛研究所紀要第五巻三号』二〇〇三年三月）、佐藤守男「情報戦争としての日露戦争」（『北大法学論集』二〇〇〇年六月）。Ian Nish, "Japanese Intelligence and the Approach of the Russo-Japanese War", in Christopher Andrew and David Dilks（eds）, *The Missing Dimension*（University of Illinois Press 1984）.

10 Michael Herman, *Intelligence Power in Peace and War*（Cambridge UP, 1996）, p.25.

●第一章

1 甲集団参謀部「情報勤務の参考」（防衛研究所史料室）。

2 「二月二於ケル内外情勢概要表」（「昭和一五、一六年戦時月報綴」防衛研究所史料室）。

3 軍令部第一課「状況判断資料」（防衛研究所史料室）。

4 実松譲「情報作戦について（承前）」（防衛研究所史料室）。

5 小野寺に関しては以下を参照。小野寺百合子『バルト海のほとりにて』（共同通信社　一九八五）。またイギリス情報部の調査資料によっても小野寺の活動は明らかにされている。Activities and Liaison with the Japanese Intelligence in Sweden and Finland, KV 2/243, *The National Archives, Kew.* 以下*PRO*（英公文書館）と略。

6 「軍令部対米情報部員今井信彦手記」（防衛研究所史料室）。以下「今井手記」と略。

7 実松譲『日米情報戦記』（図書出版社　一九八〇）、二一四頁。

8 「今井手記」。

9 小谷賢「日本海軍とラットランド英空軍少佐」（『軍事史学』第三八巻二号二〇〇二年九月）。

10 「昭和一九年末頃ニ於ケル東「ソ」軍ノ兵力及配置」（「東『ソ』軍判断」防衛研究所史料室）。

11 同盟通信社内情報局分室「敵性情報　終戦前後」（防衛研究所史料室）。

12 「今井手記」。

13 Civil Intelligence Section, G-2 Operations Compilation Branch, 29 Apr 1947；山本武利編『第二次世界大戦期　日本の諜報機関分析　第八巻欧米編二』（柏書房　二〇〇〇）。

14 「今井手記」。

15 Arthur Marder, *Old Friends, New Enemies* (Oxford：Clarendon Press 1981), pp.337-338.

16 中野校友会、四九一頁。

17 これに関しては以下に詳しい。田嶋信雄『ナチズム極東戦略』（講談社選書メチエ　一九九七）。

18 実松、二一四頁。

19 最も有名なものは以下のシリーズであろう。F. H. Hinsley, *British Intelligence in the Second World War* (London：HMSO 1979-1990), Vol.1-5.

20 これらに関する研究としては以下を参照。デーヴィッド・カーン（秦郁彦、関野英夫訳）『暗号戦争』（早川書房　一九七八）、John Prados, Combined Fleet Decoded：The Secret History of American Intelligence and the Japanese Navy in World War II (Maryland：

Annapolis 1995), Elmer Potter, "The Crypt of Cryptanalysts", *US Naval Institute Proceedings* 109/8, (August 1983). また海軍D暗号に関しては、長田順行『暗号』（ダイヤモンド社　一九七一）の「付録 ミッドウェー海戦とD暗号の解読」を参考にした。

21 J.W. Bennett, W.A. Hobart and J.B. Spitzer, *Intelligence and Cryptanalytic Activities of the Japanese During the World War II* (California : Aegean Park Press 1986), p.6.

22 これらの史料に関しては、英公文書館において、二〇〇三年から一部公開が進んでいる。Security of British and Allied Communications, HW 40/8, *PRO*.

23 横井俊幸『日本の機密室』（鹿鳴社　一九五二）。

24 中牟田研市『情報士官の回想』（ダイヤモンド社　一九七四）。

25 鮫島素直『元軍令部通信課長の回想』（非売品　一九八一）。

26 同台経済懇話会『昭和軍事秘話（中）』（同台経済懇話会　一九八九）。

27 有賀傳『日本陸海軍の情報機構とその活動』（近代文芸社　一九九四）。

28 森山優「戦前期における日本の暗号能力に関する基礎研究」（『国際関係・比較文化研究』第三巻第一号　二〇〇四年九月）。

29 近藤昭氏「暗号戦」（『偕行』平成一一年一一月号～連載中）。また最近の研究動向としては以下を参照。宮杉浩泰「戦前期日本の暗号解読情報の伝達ルート」（『日本歴史』二〇〇六年一一月号）。

30 秦、関野訳。最近のものとしては以下を参照。"David Kahn Letter on Ken Kotani Article", *Intelligence and National Security*, 20/3 (September 2005).

31 J.W.M.Chapman, 'Japanese Intelligence, 1918-1945 : A Suitable Case for Treatment' ; Christopher Andrew and Jeremy Noakes (eds.), *Intelligence and International Relations 1900-1945* (Exeter UP 1987), p.148.

32 Edward Drea, "Reading each other's mail", *The Journal of Military History*, vol.55 (1991).

●第二章

1 大沢良平編『栄部隊史』（非売品　一九九五）、五六頁。

2 横山幸雄「特殊情報回想記」（防衛研究所史料室）。

3 大久保俊次郎「対露暗号解読に関する創始並びに戦訓等に関する資料」（防衛研究所史料室）。以下「対露暗号解読」と略。

4 「対露暗号解読」。

5 「特殊情報回想記」。

6 近藤昭氏「暗号戦③米国務省グレーコードの解読」（『偕行』平成一二年三月号）、四〇頁。

7 「特殊情報回想記」。

8 有賀、七二頁。

9 「対露暗号解読」。

10 有賀、五八頁。

11 横井。

12 電波関係物故者顕彰慰霊会『海軍電波追憶集第一号』（非売品　一九五五）、二五二頁。

13 森山「戦前期における日本の暗号能力に関する基礎研究」。

14 Enemy Success with US Strip Cyphers, 10 Apr. 1943, HW 40/258, *PRO*.

15 その他、独自に解読していたのはフィンランドの暗号解読組織であった。

16 有賀、三一五頁。

17 広瀬栄一「フィンランドにおける通信諜報」（同台クラブ『昭和軍事秘話（上）』同台経済懇話会　一九八七）、六〇頁。

18 この種の史料は二〇〇三年にようやく公開され始めた。それによると、日本が当時解読していたイギリスの暗号は、Cypher M, Admiralty Reporting Code, Interdepartmental Cypher, R. Code の四種類であった。Copies of British Cypher Documents Captured by the Japanese and found in German OKW/CHI Archives, HW 40/ 211, *PRO*.

19 久保宗治「防諜に関する回想聴取録」（防衛研究所史料室）。

20 Security of British and Allied Communications, HW 40/8, *PRO*.

21 参謀本部「特殊情報部臨時編制史料」（防衛研究所史料室）。

22 「特殊情報部臨時編制史料」。有賀、一五六頁。

23 元関東軍司令部付（特情）の萩野健雄元中佐によると、終戦時の陸軍特情関係者は約三〇〇〇名であったらしい。「特情に関する戦訓」（防衛研究所史料室）。

24 「特殊情報回想記」。

25 「特殊情報回想記」。

26 Security of British and Allied Communications, HW 40/8, *PRO*.

27 「対露暗号解読」。

28 大沢、四一頁。

29 近衛文麿『平和への努力』（日本電報通信社　一九四六）、五頁。中牟田、八九頁。

30 原田熊雄『西園寺公と政局』第七巻（岩波書店　一九五

二)、三六四頁。
31 「特殊情報回想記」。
32 「特殊情報回想記」。
33 Security of British and Allied Communications, HW 40/8, PRO.
34 バーバラ・タックマン(杉辺利英訳)『失敗したアメリカの中国政策』(朝日新聞社 一九九六)、四三六頁。
35 Leakage of Information through Cipher Messages of Chinese Service Attache, HW 40/207, *PRO*.
36 Leakage of Information through Cipher Messages of Chinese Service Attache, HW 40/207, *PRO*.
37 Richard Aldrich, *Intelligence and the War Against Japan* (Cambridge UP 2000), p. 249.
38 Aldrich, p.249.
39 「特殊情報回想記」。
40 北支那方面軍司令部「北支那方面軍情報主任者会同関係史料」(防衛研究所史料室)。
41 「特情に関する戦訓」。
42 「対露暗号解読」。
43 「満州における情報勤務」。
44 中野校友会、一九三頁。
45 中野校友会、七四七頁。
46 太田軍蔵「北部軍樺太通信所業務記録」(防衛研究所史料室)。
47 林三郎「われわれはどのように対ソ情報勤務をやったか」(防衛研究所史料室)。
48 広瀬、六〇頁。
49 大沢、一八二頁。
50 防衛庁防衛研修所戦史室『戦史叢書 大本営陸軍部 大東亜戦争開戦経緯(四)』(朝雲新聞社 一九七四)、三〇七～三〇八頁。
51 「満州における情報勤務」。
52 HW 40/236, *PRO*.
53 「われわれはどのように対ソ情報勤務をやったか」。
54 Security of British and Allied Communications, HW 40/8, *PRO*.
55 HW 40/236, *PRO*.
56 Security of British and Allied Communications, HW 40/8, *PRO*. また実際に解読されたソ連暗号の解読記録については、Japanese R/I on Soviet Communications, NND9G301, *NARA* (US National Archives and Records Administration) に保存されている(同史料は静岡県立大学の森山優氏にご提供いただいた)。
57 「われわれはどのように対ソ情報勤務をやったか」。
58 「特情に関する戦訓」。
59 釜賀一夫「大東亜戦争に於ける暗号戦と現代暗号」(『昭

和軍事秘話（中）』同台経済懇話会　一九九六）、一九九頁。

60 「特殊情報回想記」。

61 「北支那方面軍情報主任者会同関係史料」。

62 大蔵省昭和財政史編集室『昭和財政史　第四巻』（東洋経済新報社　一九五五）、二六六頁。

63 中野校友会、八八九頁。ここで言う「特務機関」とは、元々ロシア語を直訳した「軍事委員」に由来するものである。そもそも日本陸軍では、部隊などに正式に属していない組織を「特務機関」と称していたため、高柳の使用した「特務機関」は異なる意味合いである。

64 陸軍省「特務機関に関する総括的報告」（防衛研究所史料室）。

65 「情報勤務に対する回想」。

66 中野校友会、八九四頁。

67 ハルピン特務機関については西原を参照。

68 西原、四六～五八頁。

69 西原、四五頁。

70 ＮＫＶＤの情報活動に関しては、リーズ大学のジェームズ・ハリス教授から助言いただいた。以下は教授の典拠である。Rossiiskii Gosudarstvennyi Arkhiv Sotsio-Politicheskoi Istorii (RGASPI) f. 558 op. 11.

71 関東軍参謀部「昭和一一年九月対ソ諜報機関強化計画」（防衛研究所史料室）。

72 「昭和一一年九月対ソ諜報機関強化計画」。

73 John Stephan, *The Russian Fascists : Tragedy and Farce in Exile 1925-1945* (New York : Harper & Row 1978), p.202.

74 「昭和一四年陸支受大日記　第三二号」（防衛研究所史料室）。

75 中野校友会、二三頁。ただし参謀本部の主流は、「謀略は人によって行う」という旧態依然の考え方であり、中野学校の創設に対しては冷淡であった。そのため中野学校は当初、九段の愛国婦人会の別館に間借りする形となったのである。

76 陸軍中野学校校友会「秘密戦概論」（防衛研究所史料室）。

77 「昭和一四年密大日記　第五冊」（防衛研究所史料室）。

78 「われわれはどのように対ソ情報勤務をやったか」。

79 「われわれはどのように対ソ情報勤務をやったか」。

80 「われわれはどのように対ソ情報勤務をやったか」。

81 アルヴィン・クックス（小林康夫訳）「リュシコフ保安委員の亡命」（『軍事史学』通巻九二号　一九八八年三月）、七七頁。

82 「満州における情報勤務」。戦後、甲谷はその情報の手腕を評価され、公安調査庁参事官として戦後日本のインテリジェンスの黎明期を支えた。

83 「われわれはどのように対ソ情報勤務をやったか」。

84 「満州における情報勤務」。

85 「満州における情報勤務」。

86 「満州における情報勤務」。

87 工藤胖『諜報憲兵』（図書出版社 一九八四）、九〇頁。
全国憲友会『日本憲兵外史』（研文書院 一九八三）、六九四頁。

88 全国憲友会、六九三頁。

89 「満州における情報勤務」。

90 Report on interrogation of Col. Nishihara Yukio by Maj. Ralli at the War Ministry on 2 Apr. 1946, HW 40/208, *PRO*.

91 Security of British and Allied Communications, HW 40/8, *PRO*.

92 「満州における情報活動」。

93 「ソ軍国境築城情報記録」（防衛研究所史料室）。

94 草場辰巳「車窓より露国を観て」（防衛研究所史料室）。

95 中野校友会、一七〇頁。

96 「有末精三文書」（国立国会図書館憲政資料室）。

97 「われわれはどのように対ソ情報勤務をやったか」。

98 中野校友会、一四四頁。

99 軍事史学会編『機密戦争日誌（下）』（錦正社 一九九八）、七〇三頁。

100 西原、一五二頁。

101 「満州における情報活動」。

102 満鉄調査部「ソ連調査資料月報」（防衛研究所史料室）。

103 「われわれはどのように対ソ情報勤務をやったか」。

104 J. W. M. Chapman, "Japanese Intelligence 1919-1945 : A Suitable Case for Treatment", in Christopher Andrew and Jeremy Noakes (eds.), *Intelligence and International Relations 1900-1945*, (Exeter UP 1987), p.153.

105 「われわれはどのように対ソ情報勤務をやったか」。

106 小野寺、一三七頁。

107 Copy of Statement Handed in by Kraemer, 14, 9, 45., KV 2/243, *PRO*.

108 「われわれはどのように対ソ情報勤務をやったか」。

109 「満州における情報勤務」。

110 戸部良一『日本陸軍と中国——「支那通」にみる夢と蹉跌』（講談社選書メチエ 一九九九）、二二一頁。

111 詳しくは、今井、ディーコン、戸部等を参照。

112 戸部、二二一〜二二三頁。

113 参謀本部「昭和一六年度対支謀略計画ノ要綱」（防衛研究所史料室）。

114 Japanese Military Espionage Agencies, RG 38 ONI

Records, *NARA*. 山本武利編『第二次世界大戦期　日本の諜報機関分析　第四巻中国編一』(柏書房　二〇〇〇)、六頁。
115 「特務機関に関する総括的報告」。
116 中野校友会、三一八頁。
117 今井、一八六〜一九二頁。
118 中野校友会、三三〇頁。
119 中支派遣特務機関本部「中支派遣特務機関本部(第一三軍)沿革」(防衛研究所史料室)。
120 中野校友会、三三二頁。
121 中野校友会、三三三頁。
122 中野校友会、三三三頁。
123 陸軍省「昭和一七年陸軍省陸亜密大日記　第〇七号」(防衛研究所史料室)。
124 陸軍省「昭和一四年陸機密大日記　第二冊」(防衛研究所史料室)。
125 中野校友会、八九二頁。
126 田村浩「泰国関係田村武官メモ」(防衛研究所史料室)。
127 杉田、一四六頁。
128 参謀本部「昭和十六年　英領馬来情報記録」(防衛研究所史料室)。
129 「昭和十六年　英領馬来情報記録」。
130 「昭和十六年　英領馬来情報記録」。
131 中野校友会、四二七頁。
132 沢本理吉朗「南機関外史」(防衛研究所史料室)。
133 中野校友会、三五五頁。
134 有賀、一一六頁。
135 杉田、一四七頁。
136 三輪公忠「対米決戦へのイメージ」(加藤秀俊、亀井俊介編『日本とアメリカ』日本学術振興会　一九七七)、二六二頁。
137 有賀、一一九―一二一頁。
138 大谷敬二郎『昭和憲兵史』(みすず書房　一九六七)、五七八頁。
139 「防諜の参考」(防衛研究所史料室)。
140 この他にも機密を規定した法令には以下のようなものがあった。要塞地帯法、陸軍機密書類取扱規則、戒厳令、海軍兵備品会計規則、戦用品取扱規則、防御海面令、軍港要港規則、陸軍刑法、海軍刑法、刑法、刑事訴訟法、民事訴訟法、電信法、出版法、新聞紙法、等。
141 大谷、六一五頁。
142 日高巳雄『軍機保護法』(羽田書店　一九三七)、二四〜九八頁、大竹武七郎『国防保安法』(羽田書店　一九四一)、一八〜六〇頁。
143 全国憲友会、二九六頁。
144 北支那派遣憲兵隊教習隊「剿共実務教案　北支那派遣憲

兵隊教習隊」（防衛研究所史料室）。
145 「剿共実務教案　北支那派遣憲兵隊教習隊」。
146 全国憲友会、三三七頁。
147 工藤、一一〇頁。
148 陸軍省「陸満密大日記　昭和一六年第一〇」（防衛研究所史料室）。
149 全国憲友会、二四〇〜二四八頁。
150 「昭和二年押収したる秘密文書第六号　参謀本部」（防衛研究所史料室）。
151 Antony Best, *British Intelligence and the Japanese Challenge in Asia, 1914-1941* （New York : Palgrave 2002), p.57.
152 全国憲友会連合会本部『日本憲兵正史』（研文書院　一九七六）、六七二頁。
153 日高、二二三〜二二八頁。
154 「防諜に関する回想聴取録」。
155 Peter Elphick, *Far Eastern File* （London : Hodder&Stoughton 1997), p.249.
156 F4313, 20 Sep. 1940, FO371/24740, *PRO*.
157 Antony Best, *Britain, Japan and Pearl Harbor* (London : Routledge 1995), p. 124.
158 「防諜に関する回想聴取録」。
159 「防諜に関する回想聴取録」。
160 斎藤充功『昭和史発掘　幻の特務機関「ヤマ」』（新潮新書　二〇〇三）
161 宇都宮直賢『黄河・揚子江・珠江――中国勤務の思い出』（非売品　一九八〇）、二六二〜二六三頁。

●第三章

1 実松譲「日本海軍の対外情報機構」（防衛研究所史料室）。
2 電波関係物故者顕彰慰霊会『海軍電波追憶集第一号』（非売品　一九五五）、二四七頁。
3 横井、六頁。
4 電波関係物故者顕彰慰霊会、二四八頁。
5 「昭和七年公文備考T（事件付属）」（防衛研究所史料室）。海軍の特情記録については、『高木惣吉日記』、『西園寺公と政局』、『昭和社会経済史料集成』などの資料内に比較的良く残っている。
6 横井、一四頁。
7 軍令部『昭和六、七年事変海軍戦史』（水交社　非売品　一九三四）、二四六頁。
8 電波関係物故者顕彰慰霊会、二四九頁。
9 Wachi Tsunezo, HW 40/211, *PRO*.
10 横井、三一〜三四頁。
11 電波関係物故者顕彰慰霊会、二五〇頁。

12 電波関係物故者顕彰慰霊会、二五一頁。
13 鮫島、一七三頁。
14 鮫島、二〇九頁。
15 釜賀、一八六頁。
16 電波関係物故者顕彰慰霊会、二五三頁。
17 HW 40/211, *PRO*
18 鮫島、二〇九〜二一〇頁。
19 鮫島、一八〇〜一八一頁。
20 鮫島、一八九頁。
21 鮫島、一八二頁。
22 電波関係物故者顕彰慰霊会、二五七頁。
23 鮫島、一七八頁。
24 Security of British and Allied Communications, HW 40/8, *PRO*.
25 「状況判断資料」。
26 大和田通信隊「傍受月報」（防衛研究所史料室）。
27 鮫島、二一一〜二一二頁。
28 Security of British and Allied Communications, HW 40/8, *PRO*.
29 電波関係物故者顕彰慰霊会、二五九頁。
30 「扇一登文書」（国立国会図書館憲政資料室）。
31 大蔵省昭和財政史編集室、二六六頁。
32 山本編『日本の諜報機関分析　第二巻』、二八頁。
33 山本編『日本の諜報機関分析　第一巻』、五三頁。
34 Decypher telegram, Gov of India, Defence Dep to Secretary of state for India, 3 Feb 41, L/WS/1/290, WS 3039, India Office Library, *British Library*.
35 小柴直貞「支那勤務の回想録」（防衛研究所史料室）。
36 「中支那派遣特務機関本部（第一三軍）沿革」（防衛研究所史料室）。
37 陸軍省「陸支密大日記　昭和一三年其一二」（防衛研究所史料室）。
38 小柴直貞「開戦前後の汕頭及び泰国における海軍の華僑工作（その一）」（防衛研究所史料室）。
39 「開戦前後の汕頭及び泰国における海軍の華僑工作（その二）」。
40 Corresponding between Semphill and Toyoda, KV 2/871, *PRO*.
41 The Case of Lt. Commander Collin Mayers, KV 2/689, *PRO*.
42 *Daily Express*, 18 Mar. 1927.
43 Notes on the case of Squadron Leader Rutland, RAF, KV2/328, *PRO*.
44 Frederick Joseph Rutland, KV2/333, *PRO*.
45 Philby（SIS）to Young（MI5）, 22 Apr 1946, KV2/337, *PRO*.

46 London to Tokyo, Jun 1933, KV2/338, *PRO*.
47 F. J. Rutland, 13 Sep 1941, KV2/331, *PRO*.
48 F. J. Rutland, KV2/332, *PRO*.
49 MI5 Report, 30 Sep 1941, KV2/332, *PRO*.
50 Note on interview with Squadron Leader RUTLAND, 3 Nov 1941, KV2/332, *PRO*.
51 Note on Personal Activities in the US, KV2/333, *PRO*.
52 MI5 Report, 31 Dec 1941, KV2/333, *PRO*.
53 Memorandum of Stott, Jun 14 1943, KV2/336, *PRO*.
54 Japanese Naval Attaché London to Director Naval Intelligence Tokyo, 13 Mar 1935, KV2/338, *PRO*.
55 Director Naval Intelligence Tokyo to Japanese Naval Attaché London, 28 May 1935, KV2/338, *PRO*.
56 Harbert Green, KV 2/635, *PRO*.
57 Employment of Midorikawa, KV 2/636, *PRO*.
58 Daily Worker, 22 Dec. 1937, KV 2/635, *PRO*.
59 F. J. Rutland, KV2/333, *PRO*.
60 Japanese Naval Attaché London to Director Naval Intelligence Tokyo, 8 May 1935, KV2/338, *PRO*.
61 Japanese Naval Attaché London to the Director of Naval Intelligence, Tokyo, 1 May 1935, KV2/338, *PRO*.
62 Shinkawa-Report, from Japanese Naval Attaché, London to Director of Naval Intelligence, Tokio, 20 Mar, 1935, KV2/338, *PRO*.
63 Memorandum, American Embassy in London, 2 Jul 1943, KV2/336, *PRO*.
64 もしこの「イトウ」が本名ならば、海軍暗号の専門家であった伊藤利三郎中佐のことではないかと考えられる。
65 F. J. Rutland, KV2/336, *PRO*.
66 ザカリアスはアメリカ軍における対日情報の専門家であり、また後に駐米大使となる野村吉三郎海軍大将とは旧知の仲であった。
67 Fukuti to Rutland, Jun 1941, KV2/335, *PRO*.
68 BJ 093616 : Japanese Intelligence Network in Central and South America, 24 Jul 1941, HW12/266, PRO.
69 Butler to Russell, 15 Sep 1960, HO45/25105, *PRO*.
70 Rutland's statement, 19 Dec 1941, KV2/333, *PRO*.
71 GC&CSは、一九三五年から一九三六年にかけてロンドンで開催された海軍軍縮会議においても日本全権団と東京のやり取りを報告しており、この記録はHW12/248に保存されている。
72 ラットランドの一件を取り扱ったファイルの中に、後にソ連のスパイである事が発覚する、ＳＩＳのフィルビー（Harold A. R. Philby）の名が確認される。恐らくラットランドの一件は、ＭＩ５の手法をフィルビーからソ連国家保安委員会（ＫＧＢ）に知らせる一例となったのだろう。H. A. R. Philby (SIS) to Young (MI5), 22 Apr 1946. KV2/337. PRO.

73 陸軍の機密管理については以下に詳しい。浦田耕作『誰も書かなかった日本陸軍』（ＰＨＰ研究所　二〇〇三）。

74 「倫敦海軍会議一件／暗号ニ関スル海軍省意見」（外務省外交史料館）。ここで伊藤が指摘しているのは、いかに暗号強度が高くても同じ文面を強度の弱い暗号で異なる部局に送った場合、そちらから解読されるという運用上の問題である。

75 鮫島、一四二〜一四三頁。

76 暗号通信は使えば使うほど、相手に解読の資料を提供してしまうため、作戦前の急な使用の増大は、暗号が解読される危険を招くことになる。実際、海軍省電信課長は軍令部作戦課長に対して、「作戦準備段階において補給、整備、造修関係電報がこんなに多量に発せられているが、企画暴露の起因になるのではないか」と意見を述べている。鮫島、一四七頁。

77 この点に関しては以下を参照。長田順行『暗号』（ダイヤモンド社　一九七一）、二九一〜三四一頁、宮内寒彌『新高山登レ一二〇八』（六興出版　一九七五）、四四六〜四五七頁。

78 草鹿龍之介「ミッドウェー海戦に於ける正確なる日本側艦隊編制と本海戦参加者の個人的意見」（防衛研究所史料室）。

79 軍令部「軍令部作戦日誌（２）」（防衛研究所史料室）。

80 宇垣纏「戦藻録其三」（防衛研究所史料室）。

81 阿川弘之『新版　山本五十六』（新潮社　一九六九）、三七七頁。

82 鮫島、一五三頁。

83 海軍省軍務第一課「海軍乙事件関係書類綴」（防衛研究所史料室）。

84 海軍乙事件については以下を参照。吉村昭『海軍乙事件』（文春文庫　一九八二）、一一一〜一一五頁、『戦史叢書　南西方面海軍作戦　第二段作戦以降』（朝雲新聞社　一九七二）、三八〇頁。

85 「扇一登文書」。

●第四章

1 Alvin Coox, "Japanese Net Assessment in the Era Before Pearl Harbor", Allan Millett and Williamson Murray (eds.), *Calculations* (NY : Free Press 1992), p.298.

2 「われわれはどのように対ソ情報勤務をやったか」。
3 「今井手記」。
4 「今井手記」。
5 実松、二一四〜二一五頁。
6 実松、二四九〜三〇九頁。
7 有賀、五六頁。「日本海軍の対外情報機構」（防衛研究所史料室）。
8 「扇一登文書」。
9 ロベルタ・ウールステッター（岩島久夫・斐子訳）『パールハーバー』（読売新聞社　一九八七）、二三三頁。
10 「われわれはどのように対ソ情報勤務をやったか」。
11 杉田、八五頁。
12 『昭和軍事秘話（上）』、四四頁。
13 この点に関しては独参謀本部も似たようなもので、ドイツのインテリジェンスも作戦のための情報に特化していた。Michael Handel, "Intelligence and Military Operations", in Michael Handel (ed.), *Intelligence and Military Operations* (London : Franc Cass 1990) p.23.
14 Barry Katz, *Foreign Intelligence : Research and Analysis in the Office of Strategic Services 1942–1945* (Harvard UP 1989).
15 井上司朗『証言　戦時文壇史　情報局文芸課長のつぶやき』（人間の科学社　一九八四）、八頁。内閣情報部については以下を参照。佐藤卓己『言論統制』（中公新書　二〇〇四）。
16 『西園寺公と政局』第八巻、三一一頁。
17 有賀、四八頁：英陸軍の情報組織については以下を参照。Peter Gudgin, *Military Intelligence* (Gloucestershire : Sutton Publishing 1999).
18 有賀、四九頁。
19 高橋久志「日本陸軍と対中情報」（軍事史学会編『第二次世界大戦（二）』錦正社　一九九〇）、二四一頁。
20 「満州における情報勤務」。
21 土橋勇逸「第二部長時代の想出」（防衛研究所史料室）。
22 西浦進「北部仏印進駐の戦史的観察」（防衛研究所史料室）。
23 杉田、一二七頁。
24 『大東亜戦争開戦経緯（四）』、一四六頁。
25 土居征夫『下剋上』（日本工業新聞社　一九八二）、八五頁。
26 杉田、三三三頁。
27 「旧軍に関する回想」。
28 「旧軍に関する回想」。
29 防衛庁防衛研修所戦史室『戦史叢書　マレー侵攻作戦』（朝雲新聞社　一九六六）、五二頁。

30 杉田、一四六頁。
31 土居、八八頁。
32 「満州における情報勤務」。
33 Stephen Mercado, *The Shadow Warriors of NAKANO* (Washington D.C. : Brassey's 2002), p.23.
34 「北方情報業務に関する記録」。
35 西原、四〇頁。
36 「旧軍に関する回想」。
37 日本の北部仏印進駐における暗号解読情報の役割については以下を参照。Ken Kotani, "Could Japan Read Allied Signal Traffic? Japanese Codebreaking and the Advance into French Indo China, September 1940", *Intelligence and National Security*, (Vol. 20, June 2005).
38 「仏印問題経緯（その一）」（防衛研究所史料室）。
39 「仏印問題経緯（その一）」。
40 「仏印問題経緯（その一）」。
41 「仏印問題経緯（その一）」。
42 中沢佑「中沢佑元海軍中将ノート」（防衛研究所史料室）。
43 実松、二三六頁。
44 「状況判断資料」。
45 『戦史叢書　海軍捷号作戦（一）』、七一三〜七二九頁。
46 実松、二三二頁。
47 大井篤『海上護衛戦』（興陽社　一九五三）、二二九頁。
48 「今井手記」。
49 実松、二二八頁。
50 実松、二二九頁。
51 Arthur Marder, *Old Friends, New Enemies* (Oxford : Clarendon Press 1981), p.335.
52 実松、三二二頁。
53 「今井手記」。
54 釜賀、一八六頁。
55 「満州における情報勤務」。
56 「状況判断資料」。
57 ウールステッター、三七七頁。また米国上級通信情報将校のマコーマック（Alfred McCormack）は、イギリスの情報部を視察して以下のように述べている。「情報の問題をめぐる英国とのかかわりで痛感したことがある。ワシントンの情報機関は自分の手柄を優先し、われ先に発表しようとするあまり、それぞれ情報を隠す事に労力をかけているようだ。（中略）英国では情報に関して縄張り意識はなく、だれの手柄になろうが気にしていないようだ。いろいろな機関からの情報をまとめて評価する仕組みになっていて、それが迅速に行われている。したがって情報処理に関しては彼らの方がずっと上だ」。Aldrich, p.243.

●第五章

1 北岡元『インテリジェンスの歴史』（慶應義塾大学出版会　二〇〇六）、四三～四八頁。
2 「北支那方面軍情報主任者会同関係史料」。
3 北岡、二〇二頁。
4 「対露暗号解読」。
5 「特情に関する戦訓」。
6 「対露暗号解読」、「特殊情報回想記」。
7 「特殊情報回想記」。
8 「対露暗号解読」。
9 「満州における情報勤務」。
10 『戦史叢書　北支の治安戦（一）』、四七二頁。
11 「特殊情報回想記」。
12 北支那方面軍司令部「総軍情報会議呈出書類」（防衛研究所史料室）。
13 前島寿英、鈴木英「ハワイ方面偵察報告」（防衛研究所史料室）。
14 防衛庁防衛研究所『戦史叢書　ハワイ作戦』（朝雲新聞社　一九六七）、二九七頁。
15 中野交友会、四九二頁。
16 『戦史叢書　マレー進攻作戦』、五三頁。
17 この論の代表的なものとしては以下を参照。Ferris, J., “'Worth of Some Better Enemy?'”: The British Estimate of the Imperial Japanese Army 1914-1941, and the Fall of Singapore,' *Canadian Journal of History* (August 1993); Wark, W., 'In Search of a Suitable Japan: British Intelligence in the Pacific before the Second World War,' *Intelligence and National Security*, 1/2 (May 1986): Antony Best, “This Probably Over-Valued Military Power: British Intelligence and Whitehall's Perception of Japan, 1939-1941”, *Intelligence and National Security* (July 1997).
18 Malayan Campaign and Fall of Singapore, WO 208/1529, *PRO*.
19 詳しくは以下を参照。小谷賢「イギリス情報部の対日イメージ一九三七～一九四一」（『国際政治』一二九号　二〇〇二年二月）。
20 Report by Lt. Colonel I. Kerth, Jan 1937, WO208/1445; MI2, WO 106/5684, Apr 1938, *PRO*.
21 Value for War of the Japanese Army, 3 Dec 1941, WO 208/1445, *PRO*.
22 Report of Lieutenant P. M. Johnson, 1 Nov 1937, FO 371/21038, *PRO*.

23 Marder, J. Arthur, *Old Friends, New Enemies* (Oxford : Clarendon Press, 1981) pp. 15–20.
24 Efficiency of the Japanese Navy, 18 Feb 1935, ADM 116/3862, *PRO*.
25 Marder, p. 352.
26 Committee of Imperial Defence, 5 Apr 1939, CAB 16/183A, *PRO*.
27 Mahnken, p.72.
28 Estimated Strength of First Line Aircraft, Feb 1939, ADM 116/4393, *PRO*.
29 Richards, D. & Saunders, H., *Royal Air Force 1939–1945* (London : HMSO 1954) pp. 3-5. 当時極東には五五六機の戦闘機が必要と報告されていたが、実際には三六二機しか配備されておらず、また開戦時に稼動したのはたった二三三機であった。JIC (41) 11 Scale of Attack on Malaya, Jan 1941, WO 208/871, *PRO*.
30 Air Ministry Weekly Intelligence Summary No. 31, 4 Apr 1940, AIR 22/71, *PRO*.
31 JIC (41) 11 Scale of Attack on Malaya, Jan 1941, WO 208/871, *PRO*.
32 Thomas Mahnken, *Uncovering Ways of War : US Intelligence and Foreign Military Innovation, 1918–1941* (Cornell UP 2002), p.76.
33 Richard & Saunders, op. cit., p. 11. ここでいう英戦闘機とは、米製のバッファロー（Brewster Buffalo）のことであり、零戦に比べると各段に劣る機体であった。
34 Mahnken, p.79.
35 Mechanization of the Japanese army, 2 May 1941, FO 371/1296, *PRO*.
36 Percival, p. 294.
37 Percival, p. 99.
38 Christopher Thorne, Allies of a Kind (London : Hamish Hamilton 1978), pp. 4–10.
39 Naval Attaché Tokyo to DNI, 19 Dec 1927, AIR 5/754, *PRO*.
40 「英領馬来情報記録」。
41 「英領馬来情報記録」。
42 「英領馬来情報記録」。
43 「英領馬来情報記録」。
44 「英領馬来情報記録」。
45 大本営陸軍部『熱地作戦の参考――これだけ読めば戦は勝てる』（防衛研究所史料室）。
46 John Chapman (ed. and trans.), *The Price of Admiralty, vol.II&III* (Sussex : Saltire Press

1984), pp. 526-530.

47　日本軍の対米認識については以下を参照。黒沢文貴『大戦間期の日本陸軍』（みすず書房　二〇〇〇）、三輪公忠「対米決戦へのイメージ」。

48　防衛庁防衛研修所戦史室『戦史叢書　比島攻略作戦』（朝雲新聞社　一九七七）、二七頁。

49　藤原彰「日本陸軍と対米戦略」（細谷千博他編『日米関係史二　陸海軍と経済官僚』（東京大学出版会　一九七二））、一三頁。

50　参謀本部「比島作戦記録巻一」（防衛研究所史料室）。

51　高山、三五五頁。

52　帝国在郷軍人会本部「ソ軍常識」（防衛研究所史料室）。

53　「ソ軍常識」。

54　新美清一「昭和一六年七月　蘇軍兵器及蘇聯工業に関する観察」（防衛研究所史料室）。

55　第二復員局残務処理部「昭和一六年　開戦までの政略戦略　其の五」（防衛研究所史料室）。

56　「昭和一六年　開戦までの政略戦略　其の五」。

57　矢部貞治『近衛文麿』（時事通信社　一九八六）、一六二頁。

58　「開戦時における日米戦力比較」、「昭和一五年英対日作戦予想兵力」（防衛研究所史料室）。実際、極東英軍の戦力が戦艦二、航空機三六二機であったことを考えると、この見積もりはかなり正確であった。JIC（41）11 Scale of Attack on Malaya, Jan 1941, WO 208/871, *PRO*.

59　Marder, p.340.

60　Marder, p.339.

61　英米可分、不可分の議論については以下を参照。細谷千博「日本の英米観と戦間期の東アジア」（細谷千博編『日英関係史一九一七〜一九四九』（東京大学出版会　一九八二））、二九―三〇頁。森山優「『南進論』と『北進論』」（『岩波講座アジア・太平洋戦争七　支配と暴力』二〇〇六）。

62　中沢佑「中沢佑中将回想集」（防衛研究所史料室）。

63　「状況判断資料」。

64　防衛研究所戦史部編『戦史叢書　ハワイ作戦』（朝雲新聞社　一九六七）、四八〇頁。

65　W. J. Slim, *Defeat into Victory*（New York : David Mckay 1961）, p.448.

●第六章

1　「土橋勇逸中将回想録　5/10」。

2　「国際情勢月報　第一七、一八号」（防衛研究所史料室）。

3　「国際情勢月報　第一九号」（防衛研究所史料室）。

4 『偕行』一九八二年二月号、一二二頁。
5 大井、一一七頁。
6 小野寺、九七～一〇〇頁。
7 Marder, p.335.
8 西浦進「北部仏印進駐の戦史的観察」（防衛研究所史料室）。
9 高山、三一五～三一六頁。
10 三宅正樹『日独伊三国同盟の研究』（南窓社　一九七五）、二五五頁。
11 三宅、三三二頁。
12 「国際情勢月報　第一七、一八号」（防衛研究所史料室）。
13 斎藤良衛『欺かれた歴史』、読売新聞社　一九五五、一〇九頁。
14 細谷千博「三国同盟と日ソ中立条約（一九三九年～一九四一年）」（日本国際政治学会太平洋戦争原因研究部編『太平洋戦争への道　五　三国同盟・日ソ中立条約』朝日新聞社　一九六三）、二八四頁。
15 Prime Minister's message to Mr. Matsuoka, 1 Apr 1941, PREM 3/252/2, F2554/G, FO 371/27889, *PRO*.
16 塩崎弘明「対米英開戦と物的国力判断」（『年報・近代日本研究九――戦時経済』山川出版社　一九八七）。
17 この点に関しては現在も議論の分かれる所である。A.J.P. Taylor, *The Origins of the Second World War* (Penguin Books 1991)
18 Christopher Andrew, *Secret Service*, (London : Heinemann 1985), pp.387-390.
19 『大東亜戦争開戦経緯（四）』、八六頁。
20 原四郎『大戦略なき開戦』（原書房　一九八七）、二一八頁。
21 BJ 090789, 10 May 1941, HW 12/264, *PRO*.
22 『大東亜戦争開戦経緯（4）』、九二頁。
23 BJ 092183, 15 Jun 1941, HW 12/265, *PRO*.
24 JIC (41) 252, CAB 81/103, *PRO*.
25 Martin Gilbert, *The Churchill Papers Vol.III*, (London : William Heinemann 2000), pp.806-807.
26 David Dilks, *The Diaries of Sir Alexander Cadogan* (New York : Putnam 1972), p.388.
27 小野寺、一〇五頁。
28 『機密戦争日誌』、一一一～一一二頁。
29 『大東亜戦争開戦経緯（4）』、一四三頁。
30 木戸幸一『木戸幸一日記』下巻（東京大学出版会　一九六六）、八七九頁。
31 鎌田は当時の政策決定過程を、「一貫した方針がないまま国際情勢の変化（視野に入った問題）によって対外政策（解）が機会主義的に浮上し、機会主義的に国策が決定されていく。直面した問題は浮上した解によって完全に解決されることはなく、常に次の選択機会に先送りされる」と説明している。鎌田伸一「対米開戦経緯と意思決定モデル」(『軍事史学』第一〇〇号　一九九〇)、八九頁。

32 戸部良一「独ソ戦の発生と日本陸軍」(『軍事史学』第一〇〇号　一九九〇)、二七七頁。

33 『大東亜戦争開戦経緯(4)』、一二四頁。

34 森山優『日米開戦の政治過程』(吉川弘文館　一九九八)、六頁。

35 原四郎『大戦略なき開戦』(原書房　一九八七)、二二四頁。

36 東郷茂徳『時代の一面』(原書房　一九八九)、二四一～二四六頁。

37 陸上自衛隊衛生学校編『大東亜戦争陸軍衛生史』(非売品　一九七一)、三六四頁。

38 同右、三六六頁。

39 これらの資料については、日本政治外交史研究家の宮杉浩泰氏にご教授いただいた。

40 Waldo Heinrichs, *Threshold of War : Franklin D. Roosevelt and American Entry into World War II* (Oxford UP 1988), p.210.

41 「日、米外交関係雑纂　第六巻」(外務省外交史料館)。

42 蒋介石はハルの暫定協定案提出を阻止するために、在重慶顧問ラティモアに相談を繰り返している。さらに蒋はワシントンの胡適大使や宋子文らには長文の電報を送り付け、ハルへの外交的抵抗を何度も試みていた。新聞へのリークもこれらの一手段であり、ハルはこのような蒋の態度に辟易していたという。須藤眞志『日米開戦外交の研究』(慶應通信　一九八六)、二七二頁。

43 From Washington to Foreign Office, 29 Nov. 1941, CAB 121/114, *PRO.*

44 『大東亜戦争陸軍衛生史』、三六九頁。

45 「日、米外交関係雑纂『特殊情報』綴」(外務省外交史料館)。

46 「旧軍に関する回想」。

47 芦沢紀之「実録・総力戦研究所」(『歴史と人物』一九七二年一〇月号)、八八頁。

48 猪瀬直樹『昭和一六年夏の敗戦』(文春文庫　一九八六)、一九三頁。

49 三輪「対米決戦へのイメージ」、二四四頁。

50 日本軍の組織論については以下を参照。長谷川慶太郎編『日本的組織原理の功罪』(PHP研究所　一九八六)。

51 高山、一四五頁。

52 麻田貞雄「日本海軍と対米政策および戦略」(加藤秀俊、亀井俊介編『日本とアメリカ』日本学術振興会　一九七六）。

●第七章

1 ウォルター・リップマン（掛川トミ子訳）『世論（下）』（岩波文庫　一九八七）、二四〇～二四一頁。

2 Percy Cradock, *Know Your Enemy* (London : John Murray, 2002), p.296.

3 ＣＩＤについては以下を参照。Franklyn Arthur Johnson, *Defence by Committee* (Oxford University Press 1960).

4 Martin Gilbert, *The Churchill War Papers Vol.3.*, (London : W.W. Norton & Company 2001), p.1577.

●終章

1 「歴史の教訓（Lessons of the Past）」については以下を参照。R・E・ニュースタット、E・R・メイ（臼井久和、滝田賢治、斎藤元秀、阿部松盛訳）『ハーバード流歴史活用法』（三嶺書房　一九九六）、コリン・エルマン、ミリアム・フェンディアス・エルマン編（渡辺昭夫監訳）『国際関係研究へのアプローチ』（東京大学出版会　二〇〇三）、戸部良一、寺本義也、鎌田伸一、杉之尾孝生、村井友秀、野中郁次郎『失敗の本質』（ダイヤモンド社　一九八四）。

2 「われわれはどのように対ソ情報勤務をやったか」。

3 The US Intelligence Budget : http://fpc.state.gov/fpc/37093.htm.

4 現在の防衛省・自衛隊では、日米相互防衛援助協定（ＭＳＡ）や二〇〇二年一一月施行の改正自衛隊法によって機密を保護する法律が整備されつつある。

5 ＰＨＰ総合研究所『日本のインテリジェンス体制　変革へのロードマップ』（ＰＨＰ総合研究所　二〇〇六）http://research.php.co.jp/research/risk_management/policy/post_4.php.

6 合同情報会議は一九八六年に官房長官決裁で設置され、その後一九九七年にそれまで非公式に開催されていた『合同情報会議』を内閣官房の正式な機関として位置付けている。また一九九八年一〇月の閣議決定で内閣情報会議が設置された際に、同じ閣議決定で「関係行政機関相互間の機動的な連携を図るため、内閣情報会議に合同情報会議を置く」という形で格上げされている。

7 高木惣吉「海軍と情報」（防衛研究所史料室）。

ヤ

ラ

ワ

サ

タ

索引

ア

カ

日本軍のインテリジェンス なぜ情報が活かされないのか

二〇〇七年四月一〇日第一刷発行 二〇二一年九月一四日第一七刷発行

著者 小谷 賢

発行者 鈴木章一

発行所 株式会社講談社

東京都文京区音羽二丁目一二―二一 郵便番号一一二―八〇〇一

電話（編集）〇三―三九四五―四九六三 （販売）〇三―五三九五―四四一五

（業務）〇三―五三九五―三六一五

装幀者 山岸義明 本文データ制作 講談社デジタル製作

印刷所 株式会社新藤慶昌堂 製本所 大口製本印刷株式会社

ISBN978-4-06-258386-2 Printed in Japan

N.D.C.210.7 248p 19cm

講談社選書メチエ　刊行の辞

書物からまったく離れて生きるのはむずかしいことです。百年ばかり昔、アンドレ・ジッドは自分にむかって「すべての書物を捨てるべし」と命じながら、パリからアフリカへ旅立ちました。旅の荷は軽くなかったようです。ひそかに書物をたずさえていたからでした。ジッドのように意地を張らず、書物とともに世界を旅して、いらなくなったら捨てていけばいいのではないでしょうか。

現代は、星の数ほどにも本の書き手が見あたります。読み手と書き手がこれほど近づきあっている時代はありません。きのうの読者が、一夜あければ著者となって、あらたな読者にめぐりあう。その読者のなかから、またあらたな著者が生まれるのです。この循環の過程で読書の質も変わっていきます。人は書き手になることで熟練の読み手になるものです。

選書メチエはこのような時代にふさわしい書物の刊行をめざしています。

フランス語でメチエは、経験によって身につく技術のことをいいます。道具を駆使しておこなう仕事のことでもあります。また、生活と直接に結びついた専門的な技能を指すこともあります。

いま地球の環境はますます複雑な変化を見せ、予測困難な状況が刻々あらわれています。

そのなかで、読者それぞれの「メチエ」を活かす一助として、本選書が役立つことを願っています。

一九九四年二月　　野間佐和子

KODANSHA

「民都」大阪対「帝都」東京　原　武史
文明史のなかの明治憲法　瀧井一博
喧嘩両成敗の誕生　清水克行
日本軍のインテリジェンス　小谷　賢
近代日本の右翼思想　片山杜秀
アイヌの歴史　瀬川拓郎
宗教で読む戦国時代　神田千里
アイヌの世界　瀬川拓郎
吉田神道の四百年　井上智勝
戦国大名の「外交」　丸島和洋
町村合併から生まれた日本近代　松沢裕作
源実朝　坂井孝一
満蒙　麻田雅文
〈階級〉の日本近代史　坂野潤治
原敬（上・下）　伊藤之雄
大江戸商い白書　山室恭子
戦国大名論　村井良介

〈お受験〉の歴史学　小針　誠
福沢諭吉の朝鮮　月脚達彦
帝国議会　村瀬信一
「怪異」の政治社会学　高谷知佳
大東亜共栄圏　河西晃祐
永田鉄山軍事戦略論集　川田　稔編・解説
享徳の乱　峰岸純夫
大正＝歴史の踊り場とは何か　鷲田清一編
近代日本の中国観　岡本隆司
昭和・平成精神史　磯前順一
叱られ、愛され、大相撲！　胎中千鶴
武士論　五味文彦

MÉTIER

英国ユダヤ人　佐藤唯行
オスマンvs.ヨーロッパ　新井政美
ポル・ポト〈革命〉史　山田　寛
世界のなかの日清韓関係史　岡本隆司
アーリア人　青木　健
ハプスブルクとオスマン帝国　河野　淳
「三国志」の政治と思想　渡邉義浩
海洋帝国興隆史　玉木俊明
軍人皇帝のローマ　井上文則
世界史の図式　岩崎育夫
ロシアあるいは対立の亡霊　乗松亨平
都市の起源　小泉龍人
英語の帝国　平田雅博
異端カタリ派の歴史　ミシェル・ロクベール　武藤剛史訳
ジャズ・アンバサダーズ　齋藤嘉臣
モンゴル帝国誕生　白石典之
〈海賊〉の大英帝国　薩摩真介

フランス史　ギヨーム・ド・ベルティエ・ド・ソヴィニー　鹿島　茂監訳／楠瀬正浩訳
地中海の十字路＝シチリアの歴史　藤澤房俊
月下の犯罪　サーシャ・バッチャーニ　伊東信宏訳
シルクロード世界史　森安孝夫
黄禍論　廣部　泉
イスラエルの起源　鶴見太郎
近代アジアの啓蒙思想家　岩崎育夫

講談社選書メチエ　宗教

MÉTIER

宗教からよむ「アメリカ」　森　孝一
ヒンドゥー教　山下博司
グノーシス　筒井賢治
ゾロアスター教　青木　健
『正法眼蔵』を読む　南　直哉
知の教科書　カバラー　ピンカス・ギラー　中村圭志訳
フリーメイスン　竹下節子
聖書入門　フィリップ・セリエ　支倉崇晴・支倉寿子訳
七十人訳ギリシア語聖書入門　秦　剛平
維摩経の世界　白石凌海
山に立つ神と仏　松﨑照明